天津市教委（艺术学）一般项目——20102316

天津美术学院“十二五”规划教材立项及资助项目
"THE TWELFTH FIVE-YEARS"PLANNING,PROGRAMS OF TEACHING MATERIAL & AID FINANCIALLY,TAFA

主编◎高颖　彭军

欧洲古典建筑

東華大學出版社
·上海·

图书在版编目（CIP）数据

欧洲古典建筑 / 高颖，彭军主编．—上海：东华大学出版社，2015.10
ISBN 978-7-5669-0639-7

Ⅰ．①欧… Ⅱ．①高… ②彭… Ⅲ．①古典建筑—欧洲—图集 Ⅳ．①TU-881.5

中国版本图书馆CIP数据核字（2015）第098711号

责任编辑：马文娟　　李伟伟
封面设计：戚亮轩

欧洲古典建筑
OUZHOU GUDIAN JIANZHU

主　　编：高 颖　彭 军
出　　版：东华大学出版社（上海市延安西路1882号 邮政编码：200051）

出版社网址：http://www.dhupress.net
天猫旗舰店：http://dhdx.tmall.com
营 销 中 心：021-62193056　62373056　62379558
印　　刷：深圳市彩之欣印刷有限公司
开　　本：889 mm×1194 mm 1/16
印　　张：8
字　　数：282 千字
版　　次：2015 年 10 月第 1 版
印　　次：2015 年 10 月第 1 次印刷
书　　号：ISBN 978-7-5669-0639-7/TU·023
定　　价：68.00 元

前　言

欧洲古典建筑闻名于世在于其精致及艺术性。欧洲人用最好的材料、最好的技术和最虔诚的信念建造起一座座名垂千古的神庙、教堂、宫殿、市政厅、歌剧院、城堡……。欧洲古典建筑主要利用石材作为建筑材料，也因此被称为大理石的诗篇。其具有旺盛生命力，焕发着强烈的感召力，在世界建筑史上占有极其特殊的地位，这些稀世而又传世之作，是艺术家、设计师们朝圣的天堂，是建筑的盛典。

本书共分为六章。第一章讲述古代建筑；第二章讲述中世纪建筑；第三章讲述 15—18 世纪建筑；第四章讲述 19 世纪建筑；第五章讲述欧洲古典建筑综述；第六章讲述欧洲古典建筑评析。其中，第一至五章讲述古希腊、古罗马、罗曼风、拜占庭、哥特、文艺复兴、巴洛克、古典主义、洛可可、浪漫主义、新古典主义、折衷主义这些经典的建筑艺术形式。第六章列举大量的欧洲古典建筑案例深入剖析。书中所采用的图片素材是从近 7 万张作者现场拍摄的照片中遴选而得，资料详实、完整。

本书是作者多年来一直从事环境艺术设计专业相关课程的教学、科研工作的经验总结，也是作者对欧洲城市景观亲身考察的真实体会，综合了多年的教材积淀和最前沿的一手素材。

本书在写作深度、广度等方面都充分尊重环境设计专业独有的特征，可作为环境艺术设计专业相关课程的专业教材和建筑设计、城市规划设计、城市景观设计等相关专业的课程辅助教材，以及从事建筑、园林景观、城市规划等相关专业设计师的参考资料。本书同时也是天津市社科类市级科研课题《用设计诠释生活——欧洲城市景观当代特征研究》的重要组成部分，是“十二五”部委级规划教材，同时是天津市市级精品课程《景观艺术设计》的完善与延展。

由于作者所从事专业的局限性，知识和水平有限，编写时间仓促，书中难免有所不足，诚恳邀请广大读者提出宝贵建议，在此先表示诚挚的谢意。

编者

目录

Contents

第一章 古代建筑

古代建筑包括古希腊和古罗马建筑，它们是欧洲古典建筑的基础，其共同特点是以巨柱式为构图基础，经常以穹顶来统率整幢建筑物。

第一节 古希腊建筑

一、概述

古希腊位于欧洲南部，地中海的东北部，包括今巴尔干半岛南部、小亚细亚半岛西岸和爱琴海中的许多小岛。古希腊的发展时间大致为公元前 8 至公元前 1 世纪，是欧洲文化的发祥地，是欧洲建筑艺术的摇篮。现存的建筑物遗址主要包括神殿、竞技场、剧场等公共建筑。

古希腊是个泛神论国家，每个城邦，甚至每种自然现象都被人们赋予神灵来佑护。因此，古希腊人建造了大量的神殿，作为宗教活动中心，同时也是城邦公民社会活动和商业活动的场所，是古希腊体量最大、最能代表那一时期风貌的建筑形式。

在历经了“荷马时期”、“古风时期”、“古典时期”和“希腊化时期”四个阶段，古希腊的建筑艺术日趋成熟。建筑是古希腊留给世界最具体而最直接的遗产，其风格特点主要是和谐、单纯、庄重和布局清晰。通过它自身恰当的比例、严谨的结构、和谐的整体、材料的质感，以及承载于建筑之上的绘画及雕刻等艺术，给人以巨大强烈的艺术感染。它的结构特点，及其特定的组合方式，以及艺术修饰手法，均深深地影响欧洲建筑两千多年之久，甚至在文艺复兴时期、巴洛克时期、洛可可时期都有古希腊建筑语汇的再现。代表作有希腊首都雅典卫城的帕提农神庙、伊瑞克提翁神庙、奥林匹亚竞技场、宙斯庙、阿波罗神庙等。

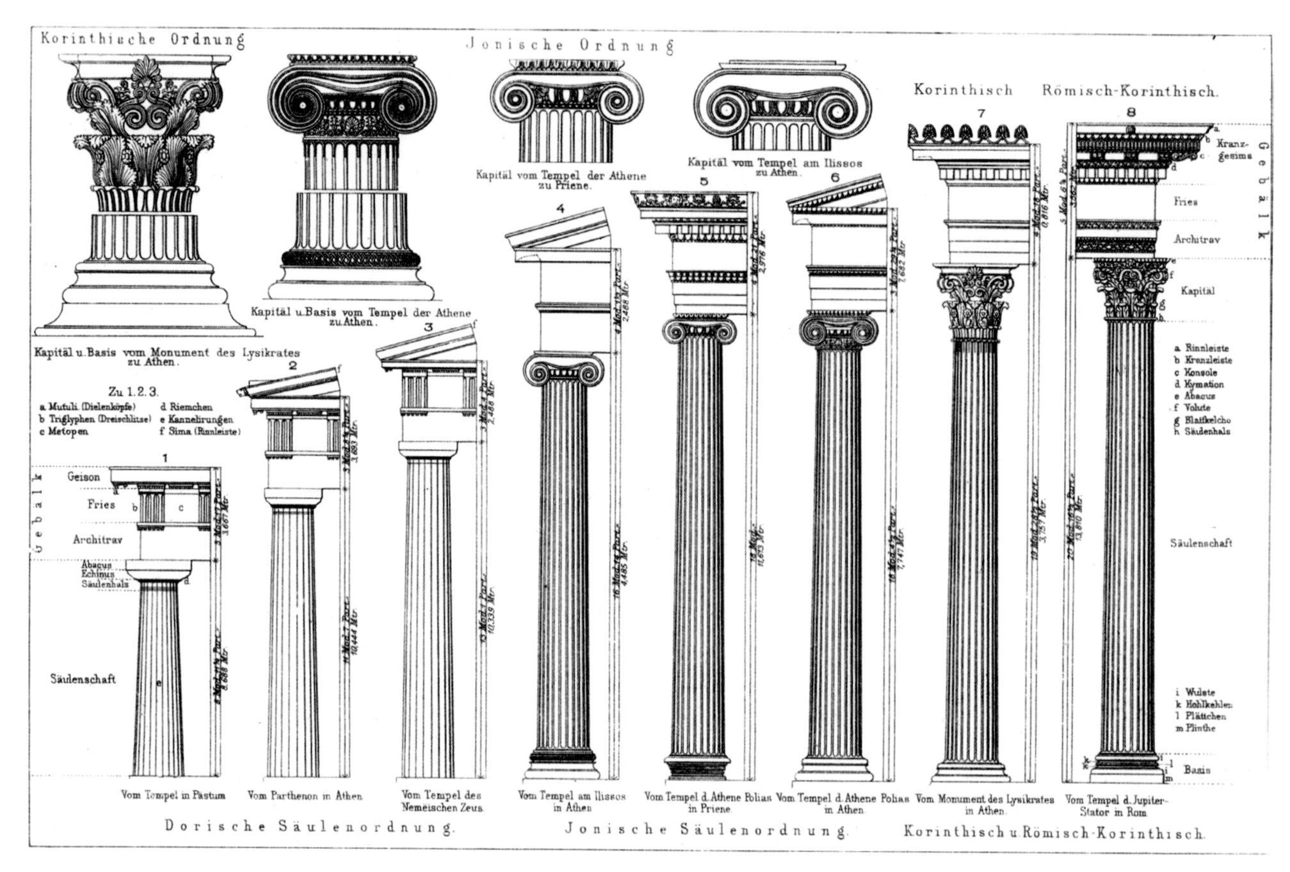

图 1-1-1 古希腊柱式

二、特点

古希腊建筑风格特点主要是和谐、单纯、庄重和布局清晰。

（一）柱式

古希腊艺术杰出的普遍优点在于高贵的单纯和肃穆的伟大，柱式体系是其精华所在，柱式的发展对古希腊建筑的结构起了决定性的作用，并且对后来的古罗马，欧洲的建筑风格产生了重大的影响。

古希腊的柱式，既是一种建筑形式，又是一种建筑规范的风格。它的特点是追求建筑的檐部（额枋、檐壁、檐口）、柱子（柱础、柱身、柱头）以及基座、山花等严格的比例和以人为尺度的造型格式。古希腊建筑共有四种柱式：多立克柱式、爱奥尼克柱式、科林斯式柱式、女郎雕像柱式。多立克柱式体现的是男性的雄健，爱奥尼柱式体现的是女性的柔美，而贯穿四种柱式的则是永远不变的人体美与数的和谐（图 1-1-1）。

古希腊人还创造了视觉矫正法：把圆柱造成越朝上端越细称为收分，并在柱身从下往上约 1/3 的地方稍微向外膨胀称为卷杀，以消除肉眼看柱子时柱身中部似乎往内弯陷的错觉。

1. 多立克柱式

多立克柱式比较粗大雄壮，没有柱础，雄壮的柱身从台面上拔地而起，柱身的 20 条凹槽相交成锋利的棱角，有明显的收分和卷杀。柱头是简单而刚挺的倒立圆锥台，多立克柱又被称为男性柱。柱高为底径的 4 ~ 6 倍，檐部高度约为整个柱子的 1/4，而柱子之间的距离一般为柱子直径的 1.2 ~ 1.5 倍。如著名的雅典卫城的帕提农神庙就有多立克柱（图 1-1-2）。

图 1-1-2 古希腊多立克柱式

图 1-1-3 古希腊爱奥尼柱式

图 1-1-4 古希腊科斯林柱式

2. 爱奥尼克柱式

爱奥尼克柱式比较纤细秀美，柱身有 24 条凹槽，柱头有一对向下的涡卷装饰。爱奥尼克柱式体现出优雅高贵的气质，犹如秀美的女子，所以又被称为女性柱。柱高一般为底径的 9 ~ 10 倍，檐部高度约为整个柱式的 1/5，柱子之间的距离约为柱子直径的两倍。爱奥尼克柱式广泛出现在古希腊的大量建筑中，如雅典卫城的胜利女神神庙和伊瑞克提翁神庙（图 1–1–3）。

3. 科林斯柱式

科林斯柱式比爱奥尼克柱式更为纤细，柱头是用毛莨叶作装饰，形似盛满花草的花篮，在比例、规范上与爱奥尼克柱式相似。相对于爱奥尼克柱式，科林斯柱式的装饰性更强，但是在古希腊的应用并不广泛，雅典的宙斯神庙采用的是科林斯柱式（图 1–1–4）。

4. 女郎雕像柱式

女郎雕像柱式以少女雕像作为支撑建筑檐部的柱子，这正是古希腊人对人体美崇尚的最直接的反映，它们模糊了建筑与雕塑的界限。女神柱式不是主流柱式，应用不多，其典型代表在雅典卫城的伊瑞克提翁神庙（图 1–1–5）。

图 1-1-5 古希腊女郎雕像柱式

（二）梁柱结构体系

梁柱结构体系即柱上架梁，梁上搭楼板。古希腊主要建筑大多使用石材，由于石材本身具有抗压不抗拉的特性，石梁跨度一般在 4 ~ 5 米，最大不超过 7 ~ 8 米。因而，造成其结构特点是密柱短跨，柱子、额枋和檐部的艺术处理基本上决定了神庙的外立面形式。神庙的屋顶是两坡的，在东西两端各构成一个三角形山花，山花为浮雕等装饰的重点区域之一。另一个装饰集中的地带就是山花之下的檐部。石柱以鼓状砌块垒叠而成，砌块之间有榫卯或金属销子连接。墙体也用石砌块垒成，砌块平整精细，砌缝严密，不用胶结材料（图 1–1–6）。

图 1-1-6 古希腊建筑梁柱体系

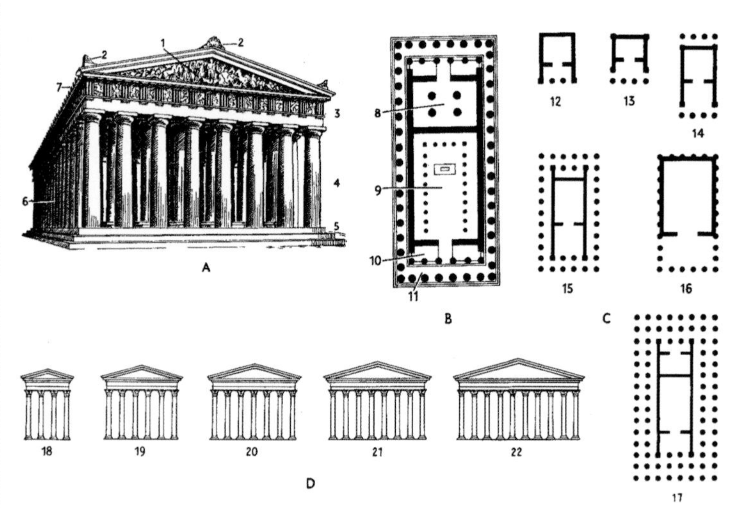

CLASSICAL TEMPLES: A, B. RECONSTRUCTION AND PLAN OF THE PARTHENON.
C, D. PLANS AND ELEVATIONS OF TEMPLES

A. 1. Pediment. 2. Acroterion. 3. Entablature. 4. Column. 5. Stylobate. 6. Peristyle. 7. Antefix. B. 8. Inner cella. 9. Cella or naos. 10. Pronaos. 11. Portico or stoa. C. 12. Distyle in antis. 13. Prostyle. 14. Amphiprostyle. 15. Peripteral. 16. Pseudo-peripteral. 17. Dipteral. D. 18. Tetrastyle. 19. Hexastyle. 20. Heptastyle. 21. Octastyle. 22. Decastyle

图 1-1-7 古希腊神庙列柱围廊平面示意图
A、B 帕特农神庙复原图、平面图
C、D 古希腊神庙常见平面图、立面图

A: 1. 三角形山花 2. 山墙顶饰 3. 檐部 4. 柱子 5. 台基 6. 列柱围廊 7. 尾瓦
B: 8. 内堂 9. 神殿 10. 门廊 11. 柱廊
C: 12. 双柱式门廊 13. 前柱式门廊 14. 前后柱式门廊 15. 列柱式门廊 16. 假柱式门廊 17. 双柱式门廊
D: 18. 四柱式 19. 六柱式 20. 七柱式 21. 八柱式 22. 十柱式

（三）列柱围廊式平面布局

所有的艺术形式均源于生活，古希腊最早的建筑材料是使用土坯，同时在建筑的四周搭起木质廊架，其原始目的是防止雨水对土墙的冲刷破坏，随后人们发现在阳光的照耀下，木质廊架在墙体上产生出丰富的光影效果和虚实变化，消除了封闭墙面的沉闷之感。虽然后来神庙建筑改为石材结构，但这一建筑艺术形式被保留了下来，檐部通常由台基上的柱子支撑，形成开放的柱廊，这成为古希腊神殿建筑典型的平面布局。

希腊神庙一般在平面布局上呈沿东西向伸展的长方形，即平面构成为1:1.618 或 1:2 的矩形。神庙没有窗只有门，主入口设在东部的山花下，中央是厅堂、大殿，周围是柱子，这使得古希腊建筑更具艺术感（图 1-1-7）。其中，柱式包括端柱式、列柱式、列柱围廊式、双列柱围廊式、假柱围廊式等。

图 1-1-8 古希腊檐部高浮雕装饰

（四）石材雕刻艺术

石材是古希腊建筑的主要材料，这就为各种雕塑艺术提供了重要的载体；而古希腊悠久的神话传说，为古希腊雕塑艺术提供了取之不竭的灵感源

图 1-1-9 古希腊圆雕

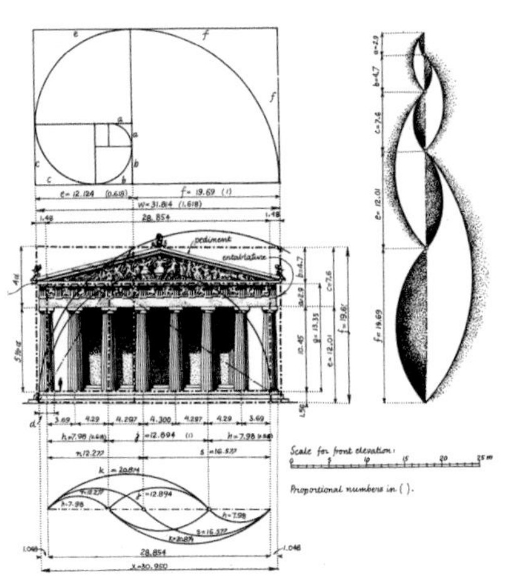

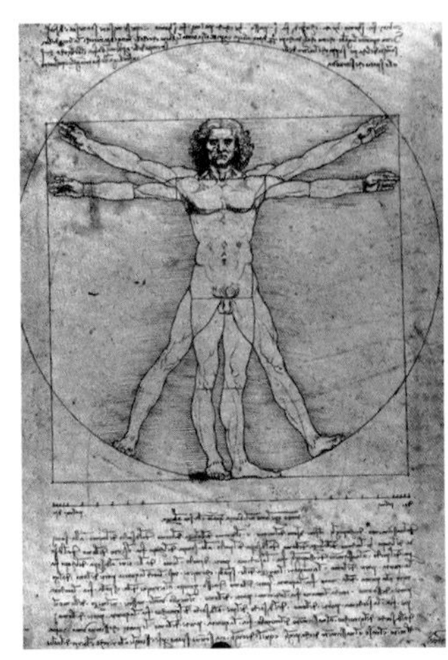

图 1-1-10 建筑与人体比例

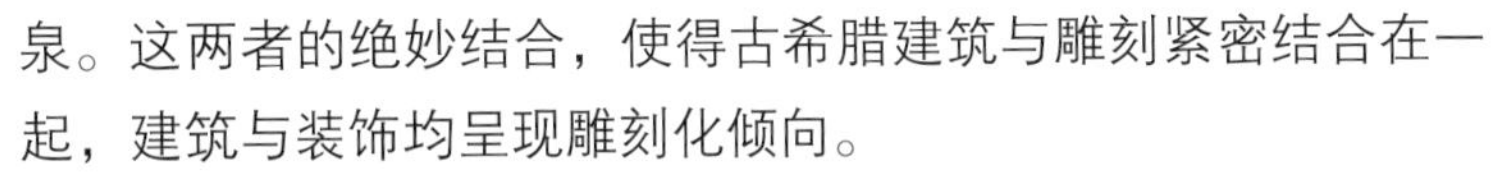

泉。这两者的绝妙结合，使得古希腊建筑与雕刻紧密结合在一起，建筑与装饰均呈现雕刻化倾向。

雕刻是古希腊建筑的一个重要组成部分，古希腊人通过圆雕、高浮雕、浅浮雕等装饰手法，将神话故事塑造在三角形的山墙上，雕刻在大厅内（图 1-1-8、图 1-1-9）。

图 1-1-11 视差矫正

（五）崇尚人体美与数的和谐

“再也没有比人类形体更完美的了，因此我们把人的形体赋予我们的神灵。——费地”古罗马的大建筑师维特鲁威——《建筑十书》的作者转述古希腊人的理论：“建筑物……必须按照人体各部分的式样制定严格比例。”古希腊建筑的比例与规范，其柱式的外在形体都以人为尺度，以人体美为其风格的根本依据（图 1-1-10）。人体的天然比例在这里成了制衡建筑的标准，使建筑从此有了生命的活力，并贯穿整个欧洲以后建筑的演变过程。

苏格拉底说过：“数为万物的本质。”考古发现，古希腊建筑师早就把黄金比例运用于建筑实践，古希腊建筑的各构件均存在一定的比例关系。从此可见，古希腊建筑中的美学首先是一种形式规则的美学，它通过一种数量关系确定比例关系，并将其付诸结构之中，使古希腊建筑的外观不仅具有因装饰效果而带来的美感，更体现了一种与结构交相辉映的、高度的和谐内在美。

（六）视差矫正

古希腊人发现，如果从远处整体观察直线边的柱子，会给人中部轻微凹陷的不良视觉感受。为了消除这种视差，古希腊人在建造大型建筑物时，有意识地将直线造得少许凸出，如将柱子的中上部造得有少许肿胀感，即所谓的卷杀（图 1-1-11）。

古希腊人还针对立柱所处的位置、相互间距的影响等发明了一系列矫正立柱粗细、站立角度和柱间距离的方法。如相同间距排列的柱子，越往外间距感觉会大一些，古希腊人会让外侧的柱间距相对较小，墙壁和山花上部的雕饰相对放大一些；又如将基座的中部微微隆起，靠边的立柱会有意识地做得较粗并轻微向内倾斜等，来消除视差。这些精细的矫正，使希腊建筑成为伟大的艺术，并达到了完美的境界。

三、主要代表作赏析

古希腊建筑史上产生了雅典卫城、帕提农神殿、宙斯祭坛（帕加马）等艺术经典之作，给世界留下了宝贵的艺术遗产，同时对世界建筑艺术有着重大且深远的影响。

（一）雅典卫城

公元前 5 世纪，希腊各城邦在雅典的主导下击败了波斯大军的入侵，为报答雅典娜女神的护佑，雅典人重建了自己的圣地——雅典卫城，希腊语称之为“阿克罗波利斯”，意为“高处的城市”或“高丘上的城邦”，所有建筑均用大理石砌筑，展现了古希腊圣地建筑群、庙宇、柱式和雕刻的最高水平，被称为西方古典建筑最重要的纪念碑（图 1-1-12）。

卫城的入口位于西侧，是一座巨大的山门，采用了前后两段错落式的布局方式，山门西半地坪比东半低了约一米多，山门向外突出两翼，犹如伸开双臂迎接四面八方前来朝拜的人们。左翼城堡之上坐落着胜利神庙，朝向略略偏一点，均衡了山门两侧不对称的构图。在卫城内部，沿着祭神流线，布置了守护神雅典娜像、主体建筑帕提农神庙和以女像柱廊闻名的伊瑞克先神庙。卫城的整体布局考虑了祭典序列和人们对建筑空间及型体的艺术感受特点，建筑因山就势，主次分明、高低错落，无论是身处其间或是从城下仰望，都可看到较为完整的艺术形象。

（二）帕提农神庙

帕提农神庙建于公元前 438 年，是古希腊最繁荣的时期。它坐落在卫城的最高处，整个神庙的造型建立在严格的比例关系

图 1-1-12 雅典卫城复原模型

图 1-1-13 雅典卫城帕提农神庙

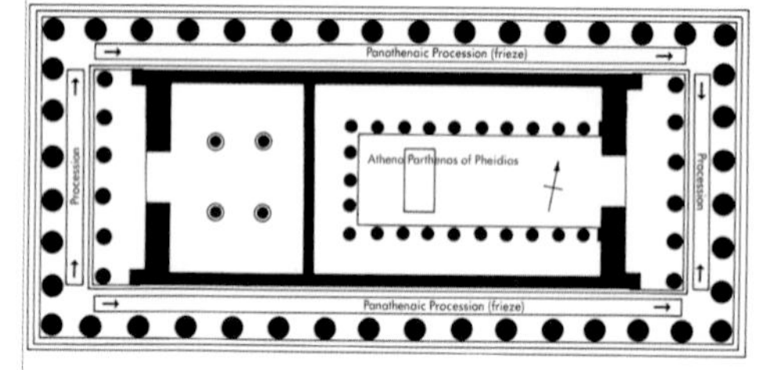

图 1-1-14 雅典卫城帕提农神庙平面图

图 1-1-15 雅典卫城帕提农神庙内部示意图

上，体现了以追求和谐为目的的形式美（图1-1-13～图1-1-15）。

它采用希腊神庙中最典型的长方形平面的列柱围廊式，矩形长 69.49 米，宽 30.78 米，符合古代黄金分割的审美规律。列柱采用多立克柱式，东西两面各为八根列柱，两侧各 17 根列柱。每根柱高 10.43 米，由 11 块鼓形大理石垒成。神庙的柱头、瓦当，整个檐部和雕刻，都施以红蓝为主的浓重色彩。屋顶是两坡顶，顶的东西两端形成三角形的山墙，是由希腊伟大的雕刻家菲底亚斯所作的《雅典娜的诞生》高浮雕组成的，生动传神。

圣堂内部的南北西三面都有多立克式列柱，为了使它们更细一些，尺度小一些，以反衬出神像的高大与内部的宽阔，采用了上下两层叠柱的方法。

图 1-1-16 雅典卫城伊瑞克提翁神庙

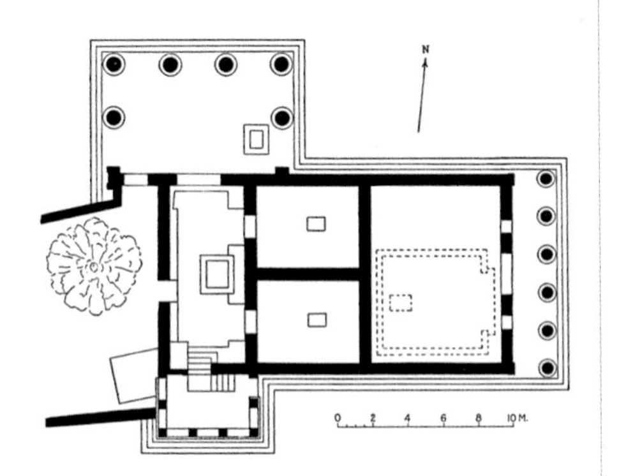

图 1-1-17 雅典卫城伊瑞克提翁神庙平面图

（三）伊瑞克提翁神庙

伊瑞克提翁神庙位于帕提农神殿左侧，传说这里是雅典娜女神和海神波塞东为争做雅典保护神而斗智的地方，是卫城重建最后完成的一座重要建筑。伊瑞克提翁神庙有三个神殿，分别供奉希腊的主神宙斯、海神波塞冬、铁匠之神赫菲斯托斯，由两条别具特色的柱廊把它们连接起来，设计非常精巧（图 1-1-16、图 1-1-17）。

伊瑞克提翁神庙东区是传统的 6 柱门面，向南采取虚厅形式。最经典之处是神殿南端，由 6 根大理石雕刻而成的长裙束胸、轻盈飘忽的少女像巨柱，支撑着殿顶，每一个女像柱的女子衣着、发型和面容都不一样。由于石顶的份量很重，而 6 位少女为了顶起沉重的石顶，颈部必须设计得足够粗，但是这将影响其美观。于是建筑师给每位少女颈后保留了一缕浓厚的秀发，再在头顶加上花篮，成功地解决了建筑美学上的难题，充分体现了建筑师的智慧。

（四）列雪格拉得音乐纪念亭

列雪格拉得音乐纪念亭是古希腊供陈列体育或歌唱比赛所获奖品的独立的纪念性建筑物，也称为“雅典得奖纪念碑”。列雪格拉得音乐纪念亭是仅留存的一座，是公元前 335 年—公元前 334 年间雅典富商列雪格拉得为了纪念由他扶植起来的合唱队在酒神节比赛中获得胜利而建的（图 1-1-18）。

图 1-1-18 列雪格拉得音乐纪念亭

亭子基座是边长的 2.9 米的正方形，基座高 4.77 米；基座上立着高 6.5 米的实心圆形亭子；亭子四周有 6 根科林斯式倚柱。顶部是由一块完整大理石雕成的圆穹顶，安放奖品；檐壁有浮雕，刻着酒神狄奥尼索斯海上遇盗，把海盗变成海豚的故事。从杯底至地面有 10 米多高，造型秀丽，装饰自下而上渐丰富。它是希腊建筑中较早使用科林斯柱式的建筑物，基座和亭子各有完整的台和檐部，基座的简洁厚重与亭子的华丽轻巧形成的对比产生稳定与优美感。

第二节 古罗马建筑

一、概述

古罗马是从公元前 10 世纪初在意大利半岛中部兴起的文明，1—3 世纪为极盛时期，扩张为横跨欧洲、亚洲、非洲的庞大罗马帝国（图 1-2-1）。到 395 年，罗马帝国分裂为东西两部。西罗马帝国亡于 476 年。

罗马建筑艺术成就很高，建筑物风格雄浑凝重，构图和谐统一，形式多样。它是古罗马人全面继承古希腊建筑伟大成就在建筑形制、技术和艺术方面广泛创新的一种建筑风格。古典柱式由三种变为五种，即多立克式、爱奥尼克式、科林斯式、塔什干式和集合式。古罗马建筑的另一个重大发展是研制成功了罗马混凝土，正是有了这种可塑性建材，罗马人才得以创造出拱、穹、穹窿三合一建筑结构，从而获得宽阔的内部空间，

图 1-2-1 古罗马版图

图 1-2-2 半圆拱

图 1-2-3 筒拱

图 1-2-4 十字拱

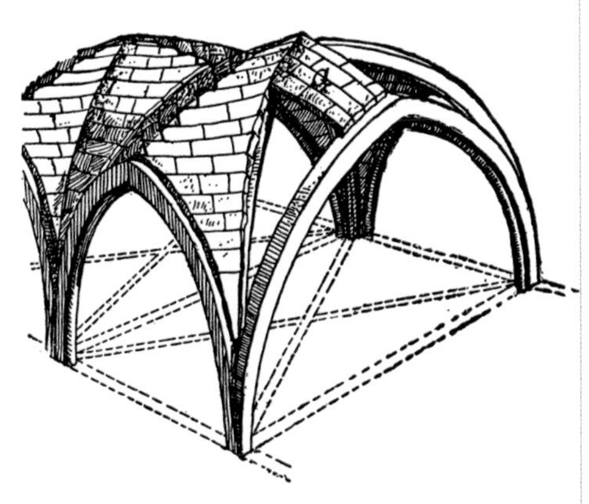
图 1-2-5 肋架拱

使得古罗马建筑能满足各种复杂的功能要求。

罗马人丰富了建筑类型，如豪华的宫殿、圆形剧场、角斗场、公共浴室等公共建筑，宏伟的宗教建筑，内庭式住宅、内庭式与内柱廊式院子相结合的住宅等居住建筑，凯旋门等纪念性建筑，道路、桥梁、广场、引水渠道等实用性建筑。代表作有意大利首都罗马的万神庙、大斗兽场等。

古罗马的御用建筑师、工程师维特鲁威的《建筑十书》是欧洲现存最完备的建筑专著，书中提出了“坚固、适用、美观”的建筑原则，奠定了欧洲建筑科学的基本体系。

虽然在公元 4 世纪下半叶起，古罗马建筑渐趋衰落。但 15 世纪后，经过文艺复兴、古典主义、古典复兴以及 19 世纪初期法国的“帝国风格”的提倡，古罗马建筑在欧洲重新成为学习的范例。

二、特点

（一）建筑材料

除砖、木、石外使用了火山灰制的天然混凝土，并发明了相应的支模、混凝土浇灌及大理石饰面技术。古罗马时期的混凝土的主要成分是一种活性火山灰，加上石灰和碎石后，凝结力强、坚固、不透水。

（二）建筑结构

在伊特鲁里亚和古希腊的基础上发展了梁柱与拱券结构技术。种类有筒拱、十字拱、肋架拱、穹窿，创造出一整套复杂的拱顶体系。拱券结构是罗马的最大成就之一。利用筒拱、十字拱、肋架拱、穹窿和拱券平衡技术，创造出拱券覆盖的单一空间、单向纵深空间、序列式组合空间等多种建筑形式。

两河一代比较干旱，缺少木材和石材，主要建筑材料是土坯砖，不适用于柱梁结构形式，为了满足内部空间的要求，加之原始混凝土的发明，逐渐掌握了拱券和穹窿建造技术。

1. 半圆拱

半圆拱是顶部呈半圆形的拱券（图 1-2-2）。

2. 筒拱

覆盖平面为长方形的内部空间的弧形拱顶被称为筒拱，其重量由两侧的承重墙承担（图 1-2-3）。

3. 十字拱

十字拱是 1 世纪开始使用的一种拱券形式，即相交的筒

图 1-2-6 穹窿

图 1-2-7 古罗马柱式

图 1-2-8 古罗马券柱式

图 1-2-9 古罗马叠柱式

形拱。它覆盖在方形的空间上，只需要四角有柱子，而不必需要连续的承重墙，建筑内部空间得到解放，而且便于开侧窗，有利于大型建筑物的采光。它是拱券技术极有意义的重大进步（图 1-2-4）。

4. 肋架拱

4 世纪后，肋架拱的基本原理是把拱顶区分为承重部分和围护部分，从而大大减轻拱顶，并且把荷载集中到券上以摆脱承重墙。这种结构方法也能节约模架。这一项新创造有很大的意义，但当时罗马已经很没落，建设规模很小，这类新技术来不及推广和改进。但在后来，欧洲中世纪的建筑大大发扬了这种肋架拱（图 1-2-5）。

5. 穹窿

穹窿是中间隆起、四周呈下垂状、整体呈半球形的屋顶（图 1-2-6）。

（三）建筑艺术

1. 柱式

继承古希腊柱式并发展为五种柱式：塔什干柱式、罗马多立克柱式、罗马爱奥尼克柱式、科林斯柱式和混合柱式（图 1-2-7）。

2. 券柱式

券柱式的创造，解决了拱券结构的笨重墙墩与柱式艺术风格的矛盾。产生了被称为券柱式的组合，这就是在墙上或墩子上贴装饰性的柱式，把券洞套在柱式的开间里。柱子和檐部等保持原有的比例，但开间放大。柱子凸出于墙面大约 3/4 个柱径。但柱式成了单纯的装饰品，有损于结构逻辑的明确性（图 1-2-8）。

3. 叠柱式

叠柱式的发展，解决了柱式与多层建筑的矛盾，创造了水平立面划分构图形式，创造了拱券与柱列的组合，是将券脚立在柱式檐部上的连续券（图 1-2-9）。

三、主要代表作赏析

（一）大斗兽场

大斗兽场原名叫做“佛拉维欧圆形剧场”，是古罗马帝国标志性的建筑物之一。斗兽场建在罗马皇帝尼禄的“金宫”原址之上，这个宫殿在 64 年发生的罗马大火中被毁。斗兽场是古罗马举行人兽表演的地方，参加的角斗士要与一只牲畜搏斗直到一方死亡为止，也有人与人之间的搏斗（图 1-2-10、图 1-2-11）。

大斗兽场可容纳 8.7 万多人，为世界上最大的露天剧场。平面呈椭圆形，长轴直径 187 米，短轴直径 155 米，外周径为 529 米。正对着四个轴向处，有四扇大拱门，是登上斗兽场内部看台回廊的入口。斗兽场内部看台用三层混凝土制的筒形拱上，每层 80 个拱，形成三圈不同高度的环形券廊（即拱券支撑起来的走廊），总高 50 米。每层的 80 个拱形成了 80 个开口，最上面两层则有 80 个窗洞，立面无主次。内部中央是表演区，长轴 86 米，短轴 54 米。看台逐层向后退，形成阶梯式坡度，由低到高分为四组，观众的席位按等级尊卑地位之

图 1-2-10 古罗马大斗兽场

图 1-2-11 古罗马大斗兽场

差别分区。各层采用不同的柱式结构，由下而上依次为多立克柱式、爱奥尼柱式与科林斯柱式。开间约为 6.8 米，柱间距约为柱底径的 6 倍。最下层粗壮的多立克柱式，让人感到它们在有力地支撑着上面巨大的重量；第二层的爱奥尼柱式显然是一种过渡，它们优雅地举起斗兽场院的上半部分；科林斯柱式被放在最后一个承重层，好像花环盘绕在斗兽场的顶部；第四层为实墙，外饰科林斯式壁柱装饰。

大斗兽场是遵循对称艺术美学的典范，在结构、功能和形式上三者和谐统一，使这么一个庞然大物显得开朗明快，有节奏感。“何时有大斗兽场，何时就有罗马，当大斗兽场倒塌之时，也是罗马灭亡之日。”罗马圆形竞技场，自从诞生至今，一直是罗马的象征。

（二）万神庙

万神庙又叫帕提翁神庙。罗马宗教膜拜诸神的庙宇，圆形正殿部分建于 124 年，曾是现代结构出现以前世界上跨度最大的大空间建筑，是单一空间、集中式构图建筑的代表，也是罗马穹顶技术的最高代表（图 1-2-12、图 1-2-13）。

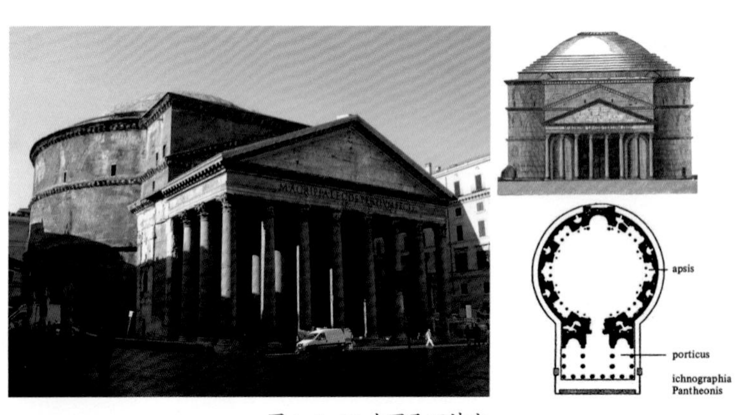

图 1-2-12 古罗马万神庙

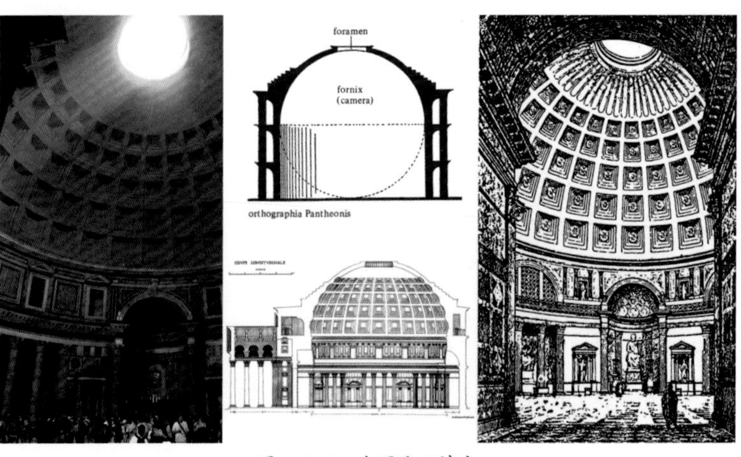

图 1-2-13 古罗马万神庙

万神庙圆形主体的前方有一个宽 34 米、深 15.5 米的柱廊，共有 16 根柱子，每根都是用整块的花岗石制成，柱子高达 12.5 米，底部基座的直径有 1.43 米。

万神庙整幢建筑都用混凝土浇灌而成，古罗马人当时使用的混凝土是来自那波利附近的天然火山灰，再混入凝灰岩等多种骨料。然后在建造穹顶时，将比较重的骨料用在基座，然后逐渐选用比较轻的骨料向上，到顶部时只使用浮石混杂多孔火山岩。另外，穹顶的厚度也逐渐削薄，从穹顶根部的 5.9 米一直减少到顶部的仅 1.5 米。

穹顶直径 43 米的记录直到 20 世纪还未被打破，穹顶的最高点也是 43.3 米，顶部有直径为 8.9 米的采光圆孔，使阳光泻入万神庙，并会随着太阳位置的移动而改变光线的角度，光线映照之下宏伟壮观并带有神秘感，十分适合宗教建筑的本性。穹顶内部还做有五层凹格，凹格的面积逐层缩小，但是数量相同，因此更加衬托出穹顶的巨大，并给人以一种向上的感觉。室内装饰华丽，堪称古罗马建筑的珍品。古门廊正面的八个科林斯柱子直径有 1.51 米，厚墙开有壁龛，龛上有暗券承重。

图 1-2-14 古罗马君士坦丁凯旋门

（三）君士坦丁凯旋门

君士坦丁凯旋门建于 315 年，是为了纪念君士坦丁大帝击败马克森提皇帝，统一了罗马帝国而建的。君士坦丁凯旋门是罗马现存三座凯旋门中建造最晚的一座，另外两座分别为提图斯凯旋门和塞维鲁凯旋门（图 1-2-14）。

君士坦丁凯旋门长 25.7 米，宽 7.4 米，高 21 米。它拥有 3 个拱门，中央的拱门高 11.5 米，宽 6.5 米；两侧的拱门则高 7.4 米，宽 3.4 米。拱门上方由砖块砌成，表面则有雕刻图案。凯旋门上方的浮雕板是当时从罗马其它建筑上直接取来的，主要内容为历代皇帝的生平业绩，如安东尼、哈德连等，下面则是君士坦丁大帝的战斗场景。凯旋门上两个圆形浮雕，是这个时期的新浮雕样式，也是早期基督教美术的一种体现。左边浮雕描绘的是公元 2 世纪罗马皇帝马可•奥勒留骑马行军的形象；右边浮雕内描绘的似乎与基督教有关，属于异教故事。下面为一横带装饰，描写的是皇帝登基的仪式。

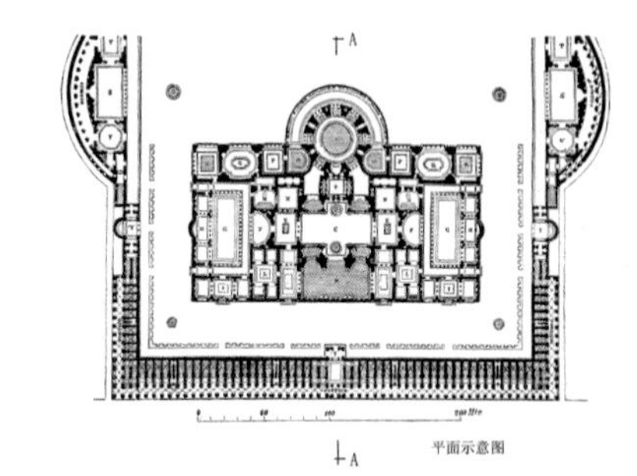

图 1-2-15 古罗马卡拉卡拉浴场平、剖图

（四）卡拉卡拉浴场

卡拉卡拉浴场建于 216 年，卡拉统治罗马帝国期间，浴场

图 1-2-16 古罗马卡拉卡拉浴场

图 1-2-17 古罗马哈德良离宫

图 1-2-18 古罗马哈德良离宫

图 1-2-19 古罗马哈德良离宫海之剧场

长和宽分别为 412 米、383 米，当年可容纳 1600 人，为罗马第二大浴场，其规模仅次于比它建造晚 100 年的迪奥克莱齐亚诺浴场。整个浴场的地面和墙壁都是用来自罗马帝国不同地区珍贵的彩色大理石铺嵌而成的，在浴场每个转弯处的上方，都立有一尊雕像。除了 3 万平方米的浴场外，还附有装饰华丽的更衣室、庭院散步区、图书室等，设施非常完善（图 1-2-15、图 1-2-16）。

（五）哈德良离宫

哈德良离宫建于 138 年，是古罗马皇帝阿德良时期所建，位于距罗马 20 多公里的提沃利地区，占地 18.13 平方千米，包括宫殿、浴场、图书馆、剧场、花园等（图 1-2-17、图 1-2-18）。在这个别墅群已考证的建筑中，就有 35 个水厕、30 个单嘴喷泉、12 个莲花喷泉、10 个蓄水池、6 个大浴场和 6 个水帘洞。其中著名的有海之剧场（图 1-2-19）和克诺帕斯池塘（图 1-2-20）。

海之剧场是经典的爱奥尼亚式样，迷宫般的双重曲面和参差交错的柱廊有希腊神庙的影子，连接其间的精巧吊桥和私人空间的隐蔽性确是独创。克诺帕斯池塘有着埃及城市的名字，环绕以罗马科林斯柱式的回廊和复制自古希腊的美人神像。池塘后相连的石窟式神庙名为塞拉比尤姆，供奉的是埃及与希腊

图 1-2-20 古罗马哈德良离宫克诺帕斯池塘

图 1-2-21 古罗马加尔桥

的冥神与圣牛。

（六）古罗马加尔桥

加尔桥建于公元前 1 世纪末，是古罗马帝国著名的高架水道，水通过三层迦特桥的上部水道输送到 25 公里以外的地方。水桥用砖石砌筑，全部使用就地取材的石灰岩。加尔桥共有三层，高 48.8 米，最长的一层（上层）长度为 275 米；下层有 6 个拱，长 142 米，宽 6 米，高 22 米；中间层有 11 个拱，242 米长，宽 4 米，高 20 米；上层有 35 个拱，275 米长，宽 3 米，高 7 米。在第一层有一条道路，第三层则为输水道，输水道为 1.8 米深，1.2 米宽。为了抵御洪水，桥身呈轻度曲线，并在桥墩底部建有水角，两旁粗糙的突出物用来连接木脚和手架。加尔桥高架水渠的斜度为 1/3000，落差约有 17 米（图 1-2-21）。

（七）图拉真记功柱

图拉真记功柱是古罗马纪念碑艺术的杰作，柱身上浮雕刻画了图拉真皇帝对外征战的场面，罗马帝国的疆界达到最大（图 1-2-22）。这个记功浮雕记述了图拉真亲自率军征服达契亚人的经历，图拉真柱净高 30 米，包括基座总高 38 米。柱身由 20 个直径 4 米、重达 40 吨的巨型卡拉拉大理石垒成。环绕柱身有 23 圈浮雕，长达 244 米，顶宽

图 1-2-22 图拉真记功柱及其局部

1.22 米，底部宽 0.9 米。最底层有个象征多瑙河的半身人像，从波涛中跃起；第 2 层表现军事长官给士兵布置任务，用石块垒筑工事；第 3 层是士兵们加固工事，运送给养、骑马巡逻；第 4 层描绘图拉真站在高台上指挥军队前进，也是浮雕的中心。全部浮雕共有 2500 个人物，具有写实的风格特点，所有人物都采用同样尺寸，看起来十分壮观宏伟，有着极大的历史真实性。柱体之内，有 185 级螺旋楼梯直通柱顶。距古币的描绘，早期图拉真柱的柱冠为一只巨鸟，很可能是鹰，后来被图拉真塑像代替，漫长的中世纪夺去了图拉真塑像。1588 年，教皇西斯都五世下令以圣彼得雕像立于柱顶至今。

（八）巴西利卡

巴西利卡一词源于古希腊，意为“王者之厅”，是古罗马的一种公共建筑形式，多指作为法庭、交易所与会场等的多种功能的大厅性建筑。其特点是平面一般为长方形，外侧有一圈柱廊，入口位于长边，两端或一端有半圆形耳室，大厅常被两排或四排柱子纵分为三或五部分，采用条形拱券做屋顶。当中部分宽且高，称为中厅；两侧部分窄且低，称为侧廊，侧廊上面有夹层。巴西利卡的型制对中世纪的基督教堂与伊斯兰礼拜寺均有影响，只不过教堂建筑的入口设置在建筑的短边（图 1-2-23、图 1-2-24）。

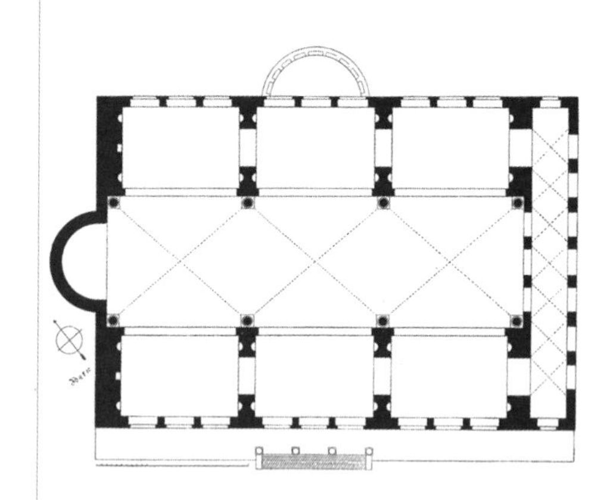

图 1-2-23 巴西利卡平面示意图

图 1-2-24 巴西利卡

第二章 中世纪建筑

中世纪基督教文化成为人们思想与行为的统领。处于尘世之中的罗马天主教会为了实现崇高的宗教理想，造就了无与伦比的建筑艺术形式，在深厚坚实的石头建筑外观中融入了丰富细腻的质感。中世纪建筑主要包括拜占庭建筑、罗曼建筑和哥特式建筑。

第一节 拜占庭建筑

一、概述

“拜占庭”传说是由一位希腊人 Byzas 依循神喻，在欧洲与亚洲、陆地与海洋的交界处找到的理想之地，并以自己的名字为其命名而来。

独特的地理位置，使拜占庭融合了阿拉伯、伊斯兰的文化色彩；因其早期受基督教艺术和古罗马的影响，又延续了古希腊、古罗马文明，自身形成了独特的拜占庭艺术。它不仅在古代文明和近代文明起到了承上启下的作用，更是融合了东西方艺术的精华。

这种融合在建筑艺术中得到鲜明的体现，以古西亚砖石拱券为基础，吸收古希腊优美典雅柱式，高举的穹顶与古罗马的万神庙如出一辙，精美的彩色面砖和琉璃镶嵌装饰艺术体现了阿拉伯和埃及的手工技艺。拜占庭建筑的布局则是把早期的基督教堂的两种形制结合起来，创造出了一种既有圆顶又有长厅的大教堂。代表作有土耳其的圣索菲亚大教堂、意大利威尼斯的圣马可大教堂等。

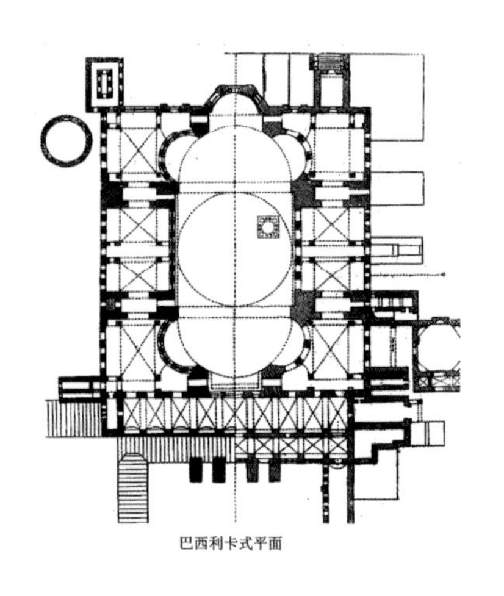

巴西利卡式平面

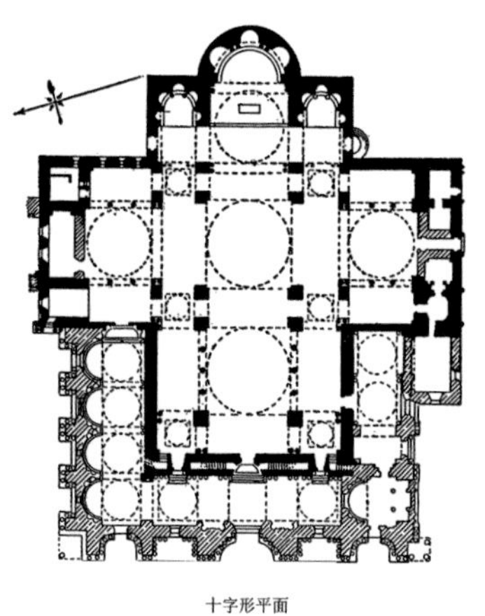

十字形平面

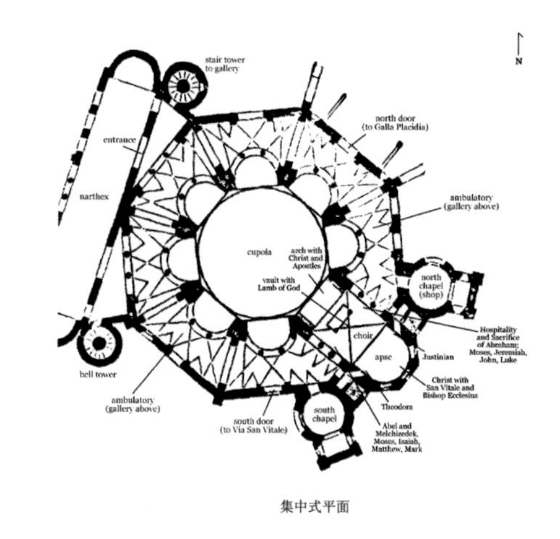

集中式平面

图 2-1-1 平面形式

二、特点

（一）平面形式

教堂建筑格局大致有三种（图 2-1-1）。一为巴西利卡式，平面呈长方形；二为十字形，平面呈十字形的巴西利卡或中间有大穹隆、四角有小穹隆的十字式；三为集中式，即平面为圆形或多边形，以穹隆覆盖下的大空间厅堂为中心。

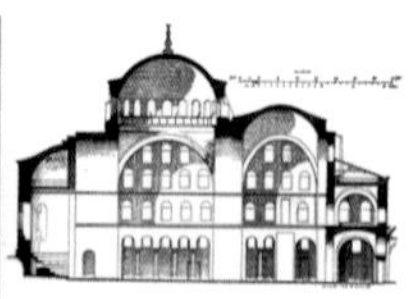

图 2-1-2 以大穹窿为中心的集中式构图

（二）以大穹窿为中心的集中式构图

拜占廷建筑多为集中式布局，其特征是中心对称，平面为圆形或多边形，中央是半圆状的穹窿顶。体量既高又大的圆穹顶，成为整座建筑的构图中心（图 2-1-2）。

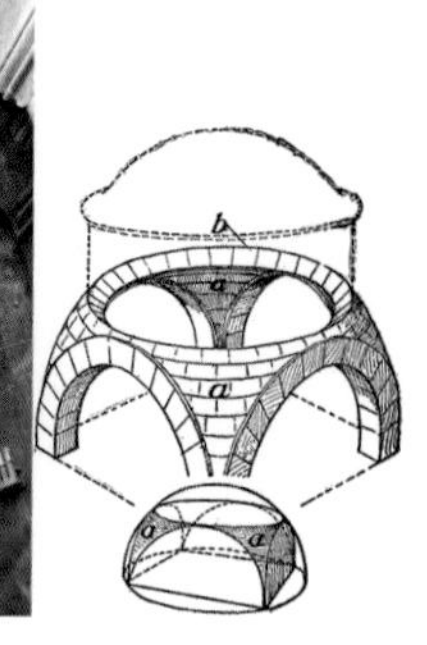

图 2-1-3 帆拱

（三）帆拱

拜占庭建筑的一大进步就是创造了把穹顶支撑在四个或更多的独立支柱上的结构形式，并以帆拱作为中介连接。其典型作法是在方形平面的四边发券，在四个券之间砌筑以对角线为直径的穹顶，仿佛一个完整的穹顶在四边被发券切割而成，穹顶的重量完全由这些券承担。这样不仅使圆形穹顶和方形平面的过渡自然简洁，同时把屋顶荷载巧妙传递到四角的墩柱上，消解了中心大穹窿顶的水平侧推力，使整体建筑完全不需要连续的承重墙就能获得更加开敞的内部空间。相比古罗马建筑必须用圆形平面、封闭空间的穹顶技术来说，是非常重大的技术进步。帆拱、鼓座、穹顶这一套拜占庭建筑的结构方式与艺术形式的发明使得方形基座上可以搭建巨大的圆形穹顶（图

图 2-1-4 帆拱

图 2-1-5 马赛克镶嵌画装饰艺术

图 2-1-6 拜占庭风格柱子

图 2-1-7 意大利威尼斯圣马可大教堂外檐

图 2-1-8 意大利威尼斯圣马可大教堂室内及平面图

2-1-3、图 2-1-4），解决了古罗马建筑师没能解决的建筑结构问题，这是建筑史上的一项伟大的发明。

（四）精美的马赛克镶嵌画装饰艺术

拜占庭建筑的建筑材料主要是砖头和厚厚的灰浆层，穹顶不便于贴大理石，所以马赛克和粉画就成了装饰壁画的主要手段。大面积的、色彩饱满的、精细的马赛克镶嵌画内部的装饰艺术是拜占庭时期建筑的特色（图 2-1-5）。镶嵌画是一种独特的艺术，它是将彩色石子、玻璃、大理石砸碎，压镶在灰泥表面，也有的配上金银箔和宝石，拼组成富丽而有神秘感的的图案。为保持大面积色调的统一，在玻璃马赛克的后面先铺一层底色，最初为蓝色，后来多用金箔做底。玻璃块往往有意略作不同方向的倾斜，造成闪烁的效果。马赛克画大多不表现空间，没有深度层次，人物动态也较呆板，马赛克小块之间的间隙比较宽，因而壁画的砌筑感很强，同建筑十分协调。

（五）柱子

拜占庭风格的柱头多为上大下小的倒梯形，呈倒方锥形，有不规则平面的褶皱形式。通常采用高浮雕的手法雕刻细碎的花纹，或刻有植物或动物图案，多选用忍冬草纹（图 2-1-6）。

甚至施以鲜艳的色彩，使柱头形成如刺绣般的美丽。

三、主要代表作赏析

（一）意大利威尼斯的圣马可大教堂

圣马可大教堂始建于 829 年，其后遭遇大火，重建于 1071 年。矗立于威尼斯市中心的圣马可广场上，因埋葬了耶稣十二门徒之一的圣马克而得名，曾经是欧洲中世纪最大的教堂（图 2–1–7、图 2–1–8）。

圣马可教堂最初为一座拜占庭式建筑，15 世纪加入了尖拱门等哥特式的装饰；17 世纪又加入了文艺复兴时期栏杆等装饰。五座圆顶参照了土耳其伊斯坦堡的圣索菲亚教堂；正面的华丽装饰源自拜占庭风格；而整座教堂的结构又呈现出希腊式的十字形设计。中间大门的穹顶阳台上，耸立着手持《马可福音》的圣马可雕像，6 尊飞翔的天使簇拥在雕像下，入口处的上部还有 4 座青铜马像（图 2–1–9）。教堂的正面五个入口及其华丽的罗马拱门陆续完成于 17 世纪，在入口的拱门上方分别是“从君士坦丁堡运回圣马可遗体”“遗体到达威尼斯”“最后的审判”“圣马可神话礼赞”“圣马可进入圣马可教堂”，是五幅描述圣马可事绩的镶嵌画（图 2–1–10）。圣马可教堂是融合了哥特式、伊斯兰式、文艺复兴式几种流派于一体的建筑艺术杰作（图 2–1–11 ~ 图 2–1–14）。

1. 图 2–1–9 意大利威尼斯圣马可大教堂中间入口处上方
2. 图 2–1–10 意大利威尼斯圣马可大教堂罗马拱门
3. 图 2–1–11 意大利威尼斯圣马可大教堂细部
4. 图 2–1–12 意大利威尼斯圣马可大教堂细部
5. 图 2–1–13 意大利威尼斯圣马可大教堂细部
6. 图 2–1–14 意大利威尼斯圣马可大教堂细部

图 2-1-15 土耳其圣索菲亚大教堂外檐

图 2-1-16 土耳其圣索菲亚大教堂室内

（二）土耳其的圣索菲亚大教堂

圣索菲亚原意为“神圣的智慧”，在基督教里是上帝智慧的意思。圣索菲亚大教堂是世界中古七大奇迹之一，由君士坦丁大帝始建于 325 年；532—537 年，查士丁尼大帝对圣索菲亚大教堂进行较大的装饰；1453 年，奥斯曼国王穆罕默德下令将大教堂改为清真寺，并在周围修建了 4 座高大的清真寺尖塔，成为伊斯兰教徒的礼拜堂。直至 1932 年，土耳其国父凯莫尔将大教堂改为国家博物馆，正式向世人开放（图 2-1-15 ~ 图 2-1-18）。

这座教堂的整个平面是个巨大的长方形，东西长 77 米，南北长 71 米。中央大穹隆直径 32.6 米，穹顶离地 54.8 米，通过帆拱支撑在四个大柱墩上。其横推力由东西两个半穹顶及南北各两个大柱墩来平衡。教堂内部通过排列于大圆穹顶下部的一圈 40 个小窗洞使光线射入时形成光影，大穹窿显得轻巧凌空，增加宗教气氛。

大厅的门窗玻璃是彩色的，柱墩和内墙面用白、绿、黑、红等彩色大理石拼成，柱子用绿色，柱头用白色，某些地方镶金，圆穹顶内都贴着蓝色和金色相间的玻璃马赛克。教堂墙壁上显眼的地方悬挂着 6 个直径约 10 米的大圆盘，并绘以阿拉伯文字“万物非主，唯有真主”的字样，显示了拜占庭建筑充分利用建筑的色彩语言构造艺术意境的魅力。

圣索菲亚大教堂的突出成就在于创造了以帆拱上的穹顶为中心的复杂拱券结构平衡体系。教堂上面的大穹窿重量通过四个帆拱传递到四个大柱墩上。在大穹窿的两侧加了两个小一些的穹窿来分担大穹窿的重量，再加上帆拱、柱墩来撑住小穹窿，厅堂内部、外部还使用了大量的拱来承重。作为主要承重结构的墩柱非常粗壮，且基本不做任何雕刻。圣索菲亚大教堂中的墩柱采用方柱式，并在表面贴有彩色大理石板作装饰。有

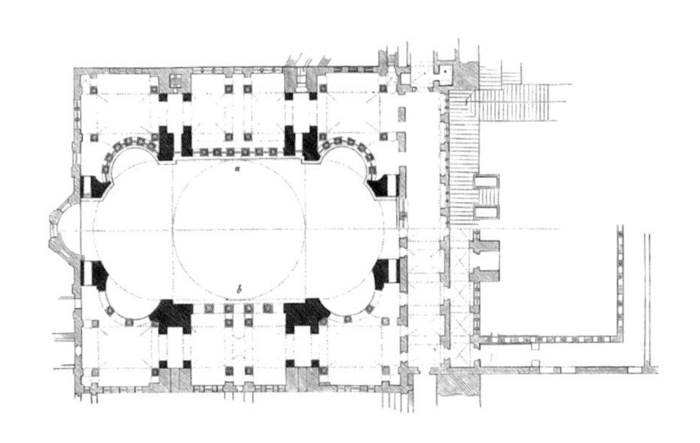

图 2-1-17 土耳其圣索菲亚大教堂平面图

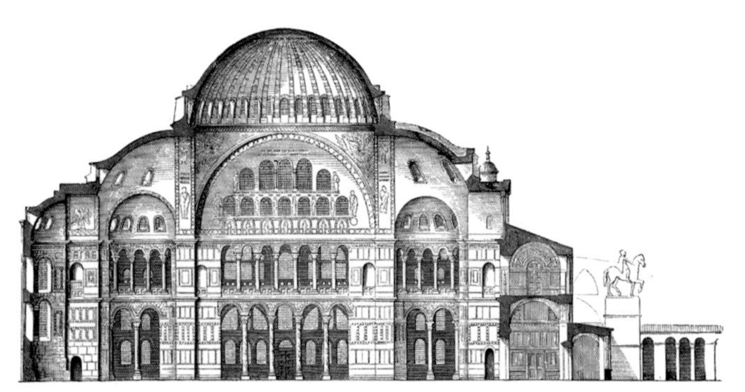

图 2-1-18 土耳其圣索菲亚大教堂剖面图

些墩柱下还围绕砌筑了连续的小拱券，既装饰了墩柱，又可作为壁龛使用。在教堂东西面的末端和南北向的筒拱前，都设置了加固的扶壁墙。此时的扶壁墙面上已经出现半圆拱形的装饰，而且扶壁墙顶与建筑顶部覆盖同样的瓦片，以使与整体建筑相协调。扶壁结构最终成为哥特式建筑的主要承重结构。

第二节 罗曼式建筑

一、概述

罗曼建筑又译作罗马风、罗马式或似罗马建筑，是10—12世纪欧洲基督教流行地区的一种建筑风格。因采用古罗马式的券、拱而得名，多见于修道院和教堂。

罗曼建筑作为一种过渡形式，它的贡献不仅在于把沉重的结构与垂直上升的动势结合起来，而且在于它在建筑史上第一次成功地把高塔组织到建筑的完整构图之中。罗马式教堂以粗矮的石柱、厚实的墙壁、半圆拱穹的门和巍峨的楼塔结构为主要特征。教堂内部横厅宽阔、中殿纵深，朴素的中厅与华丽的圣坛形成对比，中厅与侧廊存在较大的空间变化。

二、特点

（一）平面拉丁十字式

平面拉丁十字式是欧洲中世纪教堂建筑的主要形制，变形于古罗马的巴西利卡，出于向圣像、圣物膜拜的需要，在东端

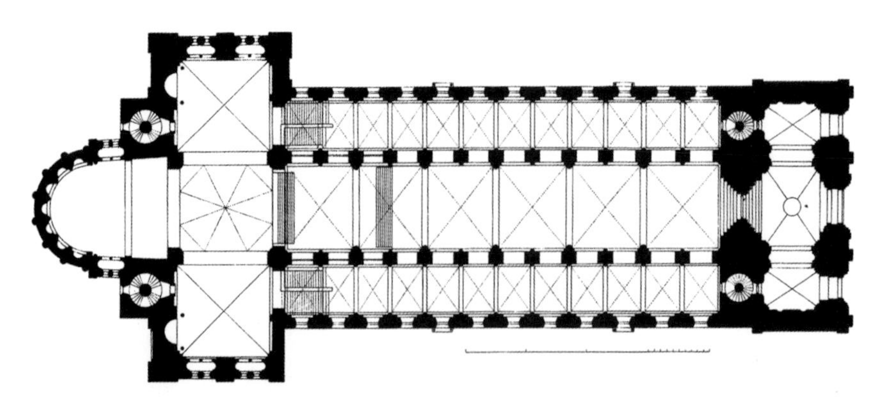

图 2-2-19 罗曼式平面示意图

图 2-2-20 罗曼式扶壁

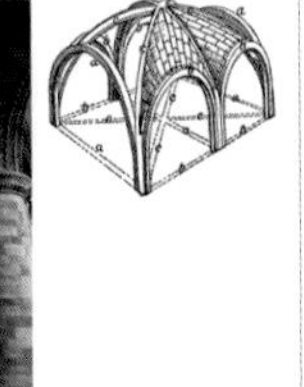

图 2-2-21 罗曼式骨架券

增设若干小礼拜室，但平面形式渐趋复杂。随后在祭坛前增建一道横向的空间，高度和宽度都与正厅对应相等，于是便形成了一个十字平面，竖道比横道长得多，信徒们所在的大厅比圣坛、祭坛又长得多（图 2-2-19）。

（二）发展了古罗马的拱券技术

采用古罗马建筑的一些传统做法如半圆拱、十字拱等，并发展了古罗马的拱券技术，采用扶壁以平衡沉重拱顶的横椎力（图 2-2-20），后来又逐渐用骨架券（图 2-2-21）代替厚拱顶。

（三）墙体敦厚

墙体巨大而厚实，墙面用连列小券，门窗洞口用同心多层小圆券，以减少沉重感（图 2-2-22）。窗口窄小，里面光线昏暗，在较大的内部空间造成阴暗神秘气氛。

（四）大量使用半圆形拱券

一般在门窗和拱廊上，均采用半圆形拱顶（图 2-2-23），并主要以一种拱状穹顶和交叉拱顶作为内部屋顶的支撑结构。

（五）引入钟塔

钟塔的建立在现实意义上是为了召唤信徒礼拜，通常设置在教堂西面，有时拉丁十字交点和横厅上也有钟楼（图 2-2-24）。

图 2-2-22 罗曼式门洞

图 2-2-23 罗曼式半圆形拱券

图 2-2-24 罗曼式钟塔

图 2-2-25 意大利比萨主教堂建筑群

图 2-2-26 意大利比萨主教堂外檐

图 2-2-27 意大利比萨主教堂外檐细部

三、主要代表作赏析

（一）意大利比萨主教堂建筑群

意大利比萨主教堂建筑群建于 1063—1174 年，包括大教堂、洗礼堂、钟塔和公墓四个部分，坐落在奇迹广场上，是欧洲中世纪最著名的建筑群之一（图 2-2-25）。这三座建筑的形体各异，均应用了连列券柱廊作装饰，形成鲜明的对比和丰富的变化。券柱廊造成的强烈的光影和虚实对比，使建筑群显得端庄、和谐、宁静。

1. 比萨主教堂

比萨主教堂平面呈“巴西里卡式”长方形，全长 95 米，纵向有四排科林斯圆柱，正立面高约 32 米，有四层连列券柱廊作装饰。其券拱结构由于采用层叠券廊，在十字交叉点上有一圆盖加顶，整个教堂规模宏大，比例匀称，结构紧凑合理。教堂正面分为五层，上面四层重叠，结构清晰，每一层立面上装饰有纤细清秀的连券柱，给人一种轻松明快的节奏感。大教堂正立面高约 32 米，底层入口设有三扇大铜门，上有描写圣母和耶稣生平事迹的各种雕像。大门上方是几层连列券顶柱廊，以细长圆柱的精美拱券为标准，逐层堆积为长方形、梯形和三角形（图 2-2-26 ~ 图 2-2-29）。

图 2-2-28 意大利比萨主教堂外檐细部

图 2-2-29 意大利比萨主教堂室内

2. 比萨洗礼堂

比萨洗礼堂位于教堂前面，是正门与教堂正门相对的白色圆形建筑物，直径 35.4 米，总高 54 米，立面分为三层，上两层为连列券柱廊，圆顶上矗立着施洗礼者圣约翰铜

图 2-2-30 意大利比萨洗礼堂

图 2-2-31 意大利比萨洗礼堂细部

图 2-2-32 意大利比萨洗礼堂室内

像，是意大利最大的洗礼堂，为罗马式与哥特式混合风格（图 2-2-30 ~ 图 2-2-32）。

3. 钟塔

钟塔即举世闻名的“比萨斜塔”，是比萨大教堂的独立式钟楼，外观呈圆形，直径 16 米，高 55 米，分为 8 层。中间 6 层围以连列券柱廊，底层在墙上作连续的券拱，最顶上一层是钟楼。

钟塔斜得很厉害，故有“斜塔”之称（图 2-2-33）。因地基沉陷而偏离垂直中心线 4.5 米，长时期斜而不倾，被认为是世界建筑史上的奇迹和不朽之作。塔由白色大理石筑成，1174 年开始兴建，1350 年完工，为 8 层圆柱形建筑，高 54.5 米，塔身墙壁底部厚约 4 米，顶部厚 2 米多。从下而上，外围 8 重拱形券门，由底 15 根圆柱，中间 6 层各 31 根圆柱 ，顶层 12 根圆柱，建成 213 个拱形券门而成。总重达 1.42 万吨。顶层为钟楼，塔内有螺旋状楼梯 294 级，盘旋而上塔顶，可眺望比萨城全景。

（二）德国乌尔姆大教堂

乌尔姆大教堂，即乌尔姆敏斯特大教堂，是沃尔姆斯大主教的所在地，坐落于德国乌尔姆市，建造时间为 1419 年，已经历经 600 多年。乌尔姆大教堂长 126 米，宽 52 米，教堂主

图 2-2-33 意大利比萨钟塔

图 2-2-34 德国乌尔姆大教堂外檐

图 2-2-35 德国乌尔姆大教堂室内

塔高度达 161.6 米，超出举世闻名的科隆大教堂 4.6 米，是世界第一高度的教堂。教堂用红砂岩建成，有四座塔楼和两座圆顶（图 2-2-34、图 2-2-35）。它原本是天主教堂，在 1529 年马丁·路德的宗教改革中，被改为路德派新教教堂。

第三节 哥特式建筑

一、概述

哥特建筑是 11 世纪下半叶起源于法国，13—15 世纪流行于欧洲的一种建筑风格，以其高超的技术和艺术成就，在建筑史上占有重要地位，使整个世界“为之震惊，为之倾倒”。

“罗马式建筑是地上的宫殿，哥特建筑是天堂里的神宫”。罗马式建筑以其恢宏的稳重来彰显教会的权威，哥特式建筑则以灵巧的奔放体现了教会的神圣（图 2-3-1）。它以尖形双圆心拱门代替了罗马

图 2-3-1 哥特式教堂外檐

式的半圆形拱门；把罗马教堂的十字交叉拱、骨架券吸收公元 7 世纪阿拉伯人所用的尖顶券加以发展；以彩色玻璃代替了厚重的墙面；以纤细的束柱代替了墩柱；将扶壁发展为飞扶壁。

哥特建筑的构成有四大要素（图 2-3-2）。一是十字拱顶，二是尖拱加肋拱，三是飞扶壁，四是彩色玻璃。由于采用了尖券、尖拱和飞扶壁，哥特式教堂的内部空间高旷、单纯、统一。装饰细部如华盖、壁龛等也都用尖券作主题，建筑风格与结构手法形成一个有机的整体。哥特建筑全部采用竖起线条的墩柱、尖券窗，并与高耸的尖塔相配合，使整个建筑如拔地而起的尖笋，有挺拔向上之势和冲入云霄之感。

纤瘦高耸、空灵虚幻的建筑形象，以及向上的趋势把人的目光引向虚无飘渺的尖塔，启示人们脱离这个苦难、充满罪恶的世界，而奔赴“天国乐土”；彩色玻璃窗形成色彩斑斓的光线、形象生动的浮雕和石刻，综合地造成一个“非人间”的仙境氛围。每当阳光从布满窗棂间的彩色玻璃照射进来时，整

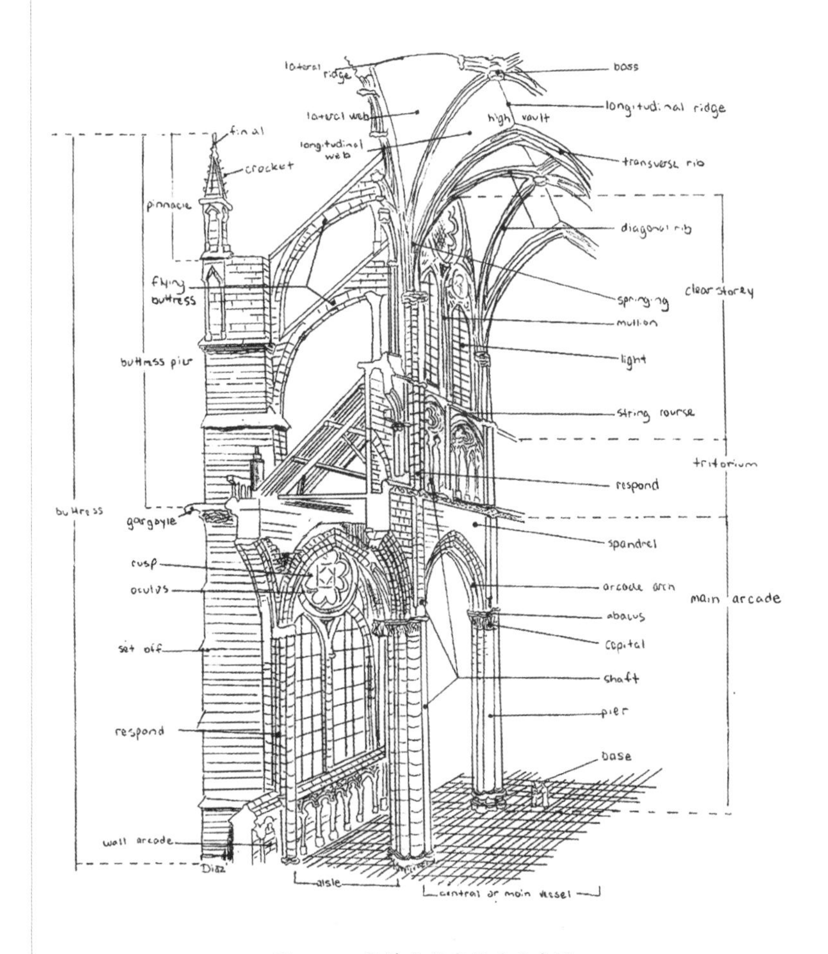

图 2-3-2 哥特式教堂构造示意图

图 2-3-3 哥特式教堂室内

个教堂的空间便弥漫着迷离与幽幻，教堂仿佛就是天堂。这些正符合基督教教义，使人忘却今生，幻想来世的精神内涵（图 2-3-3）。

英国维多利亚时代最伟大的社会批评家约翰·罗斯金从精神层面上探讨了哥特建筑之本质，在其著作《威尼斯之石》中他把构成哥特风格的本质特征具体归纳为六点，按其重要性先后排列为：野蛮、多变、自然主义、怪诞、刚直、繁复。这些元素相互交织在一起的思想观念构成了哥特风格的灵魂。

哥特式建筑的代表作有德国科隆大教堂、法国巴黎圣母院、俄罗斯圣母大教堂、意大利米兰大教堂、英国威斯敏斯特大教堂等。

二、特点

（一）建筑平面

哥特式教堂的平面继承自罗曼式建筑，多为拉丁十字形（“十”字有两画，一横一竖，横短竖长，这种十字叫做“拉丁十字”），东西走向，祭坛放在最东面——朝向耶路撒冷，有强烈的宗教意义（图 2-3-4）。具体可细分为三部分：

1. 祭坛

祭坛位于拉丁十字形的顶部。圣坛中央有祭台，祭台背后沿半圆形放射状排列着几个小礼拜堂，里面通常供奉着圣物。

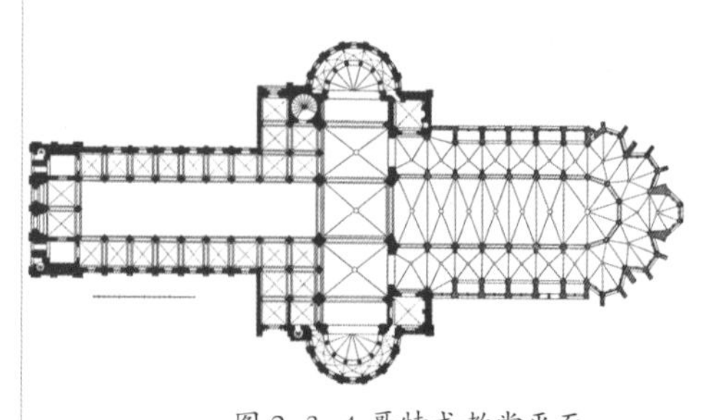

图 2-3-4 哥特式教堂平面

信徒们通常在主厅中舱里做弥撒，如果是人数不多的宗教仪式如婚礼、丧礼等，或是本教堂的神职人员自己做礼拜，则多在小礼拜堂中进行。

2. 中殿

拉丁十字形的长边称为教堂的中殿，通常分为三条走廊，中间高，两边低。高屋顶的部分叫“中舱”，矮屋顶的部分叫“舷舱”。中殿窄而长，瘦而高，通常高达 40 米左右，宽高比达到 1:3 以上，同时近乎框架式的裸露结构，使得垂直线条统率着人们的视野，加强了向上的动感。

3. 袖廊

拉丁十字形的短边又叫“袖殿”，将中殿、唱诗班的席位与高大祭坛分开，通常分为三条走廊，也是中间高，两边低，分成“中舱”和“舷舱”。

（二）外部形态

哥特式建筑特别是教堂，外观的基本特征是高而直，其典

图 2-3-5 哥特式教堂西立面

图 2-3-6 哥特式教堂南立面

型构图是一对高耸的尖塔，中间夹着中厅的山墙，在山墙檐头的栏杆、大门洞上设置了一列布有雕像的凹龛，在中央的栏杆和凹龛之间是象征天堂的圆形玫瑰花窗。

西立面作为教堂的入口，有三座门洞，门洞内都有几层线脚，线脚上刻着成串的圣像。所有墙体上均由垂直线条统贯，一切造型部位和装饰细部都以尖拱、尖券、尖顶为合成要素，所有的拱券都是尖尖的，所有门洞上的山花、凹龛上的华盖、扶壁上的脊边都是尖耸的，所有的塔、扶壁和墙垣上端都冠以直刺苍穹的小尖顶（图 2-3-5、图 2-3-6）。与此同时，建筑的立面越往上划分越细巧，形体和装饰越玲珑。这一切，都使整个教堂充满了一种超凡脱俗、 腾跃迁升的动感与气势。

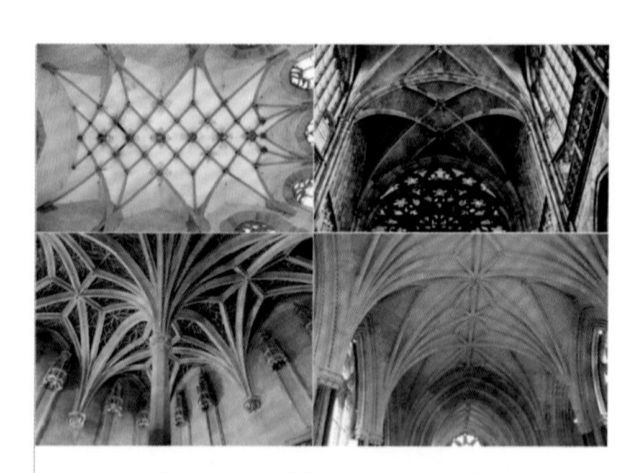

图 2-3-7 哥特式教堂骨架券

（三）建筑结构

哥特式教堂的结构体系由石头作为材质的骨架券和飞扶壁组成。其基本单元是在一个正方形或矩形平面四角的柱子上做双圆心骨架尖券，四边和对角线上各一道，屋面石板架在券上，形成拱顶。采用这种方式，可以在不同跨度上作出矢高相同的券，拱顶重量轻，交线分明，减少了券脚的推力。飞扶壁由侧厅外面的柱墩发券，平衡中厅拱脚的侧推力。为了增加稳定性，常在柱墩上砌尖塔。

1. 骨架券

哥特式建筑中的拱顶分为承重部分和填充部分，这样大大减轻了拱顶的重量，节省了材料，减小了侧推力。骨架券使各种形状复杂的平面都可以用拱顶覆盖（图 2-3-7）。

图 2-3-8 哥特式教堂尖券

2. 尖券

尖拱由相交两圆构成，两圆共有一条半径，被哥特式教堂广泛采用。尖拱之所以被采用是基于其在力学上的优点，它比圆拱更坚固牢靠，因此就不需要像圆拱那么厚的墙壁来抵消侧推力，侧推力作用于四个拱底石上，这样拱顶的高度和跨度不再受限制，可以建得又大又高，并且尖肋拱顶也具有“向上”的视觉暗示（图 2-3-8）。

3. 飞扶壁

飞扶壁也称扶拱垛，是一种用来分担主墙压力的辅助设施，在罗曼式建筑中已得到大量运用。但哥特式建筑把原本实心的、被屋顶遮盖起来的扶壁都露在外面。飞扶壁由侧厅外面的柱墩发券平衡中厅拱脚的侧推力。飞扶壁上往往有繁复的装饰雕刻，轻盈美观，高耸峭拔（图 2-3-9）。

图 2-3-9 哥特式教堂飞扶壁

（四）花窗

哥特式教堂的一个典型特征就是花窗，由于突破了旧的建筑结构形式，以框架结构为主，窗子十分开敞，艺术家们便把这些窗子装饰成一幅幅光彩夺目的图画。花窗玻璃以金、红、蓝、

图 2-3-10 哥特式教堂花窗

图 2-3-11 哥特式教堂玫瑰窗

绿四色为主。金色代表阳光，象征永恒；红色代表基督的鲜血，象征爱；蓝色代表天国，象征信仰；绿色代表未来，象征希望。

窗棂的构造工艺十分精巧繁复。细长的窗户被称为“柳叶窗”，圆形的则被称为“玫瑰窗”。玻璃花窗造就了教堂内部神秘灿烂的气氛，改变了罗曼式建筑因采光不足而沉闷压抑的感觉，并表达了人们向往天国的无限理想（图 2-3-10）。

1. 玫瑰窗

玫瑰窗呈圆形放射状，石质的窗棂和窗饰，暗示太阳；嵌入的彩绘玻璃花主要用在中堂的西端和耳堂的两端。雅致的窗花格使建筑外立面显得轻盈优雅，在阳光照射之下，使得室内空间产生迷幻的光影效果（图 2-3-11）。

图 2-3-12 哥特式教堂柳叶窗

2. 柳叶窗

以往的教堂建筑中，大多有壁画、浮雕等形式。由于哥特建筑框架结构的特点，使得雕刻和壁画都无所依附，于是艺术家们把视线投向了通天的大玻璃窗。彩色玻璃窗画成为哥特式建筑一大特色，具有极高的艺术成就（图 2-3-12）。

（五）束柱

哥特式教堂中，柱子不再是圆形，而是四根或多根细柱附在一根圆柱上，形成束柱（图 2-3-13）。细柱与上边的券肋气势相连，增强向上的动势。束状的柱子涌向天顶，像是一束束喷泉从地面喷向天空；有时像是森林中一棵棵挺拔的树干，

图 2-3-13 哥特式教堂束柱

图 2-3-14 哥特式教堂入口

叶饰交织，光线就从枝叶的缝隙中透进来，启示人们以迷途中的光明。

（六）入口

哥特式建筑的入口通常层层往内推进，并有大量浮雕，对于即将走入大门的人，仿佛有着很强烈的吸引力。每个洞孔的下部都有一尊雕像。上部与拱门饰相融合，刻有浅浮雕和小塑像（图 2-3-14）。分隔门口的立柱上也有一尊雕像，在中世纪晚期，正门周围的雕塑都采取自然界的形象，如花、草、树等。

三、主要代表作赏析

（一）德国科隆大教堂

科隆大教堂又称圣彼得大教堂，它的全名是“查格特·彼得·玛丽亚大教堂”，是位于德国科隆市中心莱茵河畔的一座天主教主教座堂，是科隆市的标志性建筑物。集宏伟与细腻于一身，它被誉为哥特式教堂建筑中最完美的典范，它与巴黎圣母院大教堂和罗马圣彼得大教堂并称为欧洲三大宗教建筑（图 2-3-15 ~ 图 2-3-20）。

它始建于 1248 年，建成于 1880 年。科隆大教堂占地

8000 平方米，建筑面积 6000 多平方米，东西长 144.58 米，南北宽 86.25 米，内设 10 个礼拜堂。中央大礼堂穹顶高达 43 米，跨度为 15.5 米，宽高之比为 1：3.8，为所有大教堂中最窄的。一般教堂的长廊，多为东西向三进，与南北向的横廊交会于圣坛成“十字架”，而科隆大教堂为罕见的五进建筑。

科隆大教堂主体部分就有 135 米高，大门两边的两座尖塔，南塔高 157.31 米，北塔高 157.38 米，在大教堂四周 1.1 万座小尖塔的烘托下，像两把锋利的宝剑，完成冲天的一击。大教堂四壁上方共 10000 多平方米的窗户上，全部绘有圣经故事。教堂钟楼上有 5 座响钟，最大的重 24 吨，响钟齐鸣时，洪亮深沉。

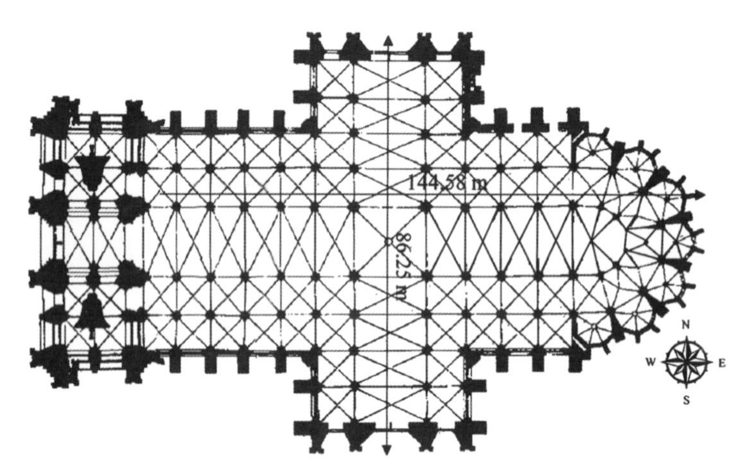

图 2-3-15 德国科隆大教堂平面

图 2-3-17 德国科隆大教堂北面

图 2-3-16 德国科隆大教堂西面

图 2-3-18 德国科隆大教堂东面

图 2-3-19 德国科隆大教堂室内

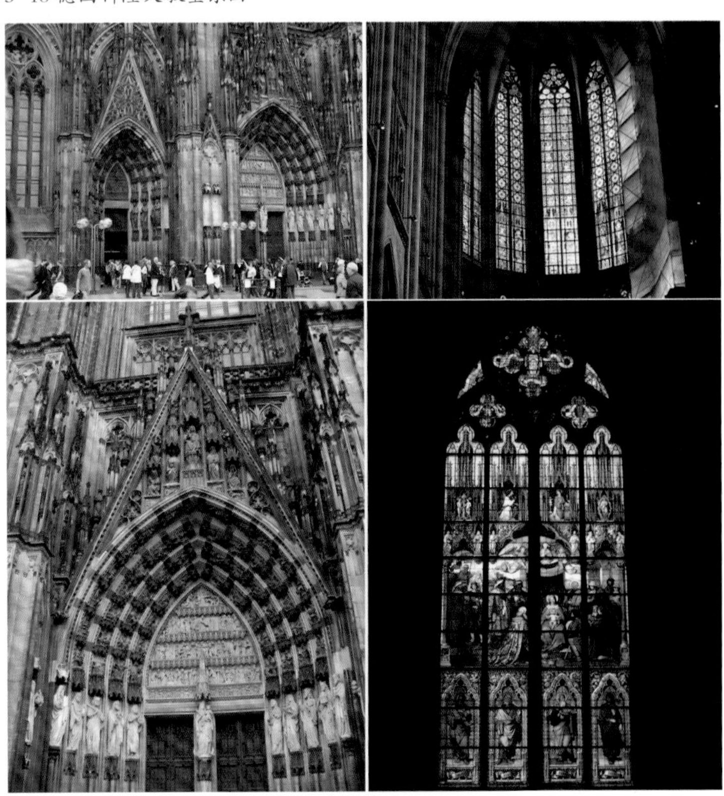

图 2-3-20 德国科隆大教堂细部

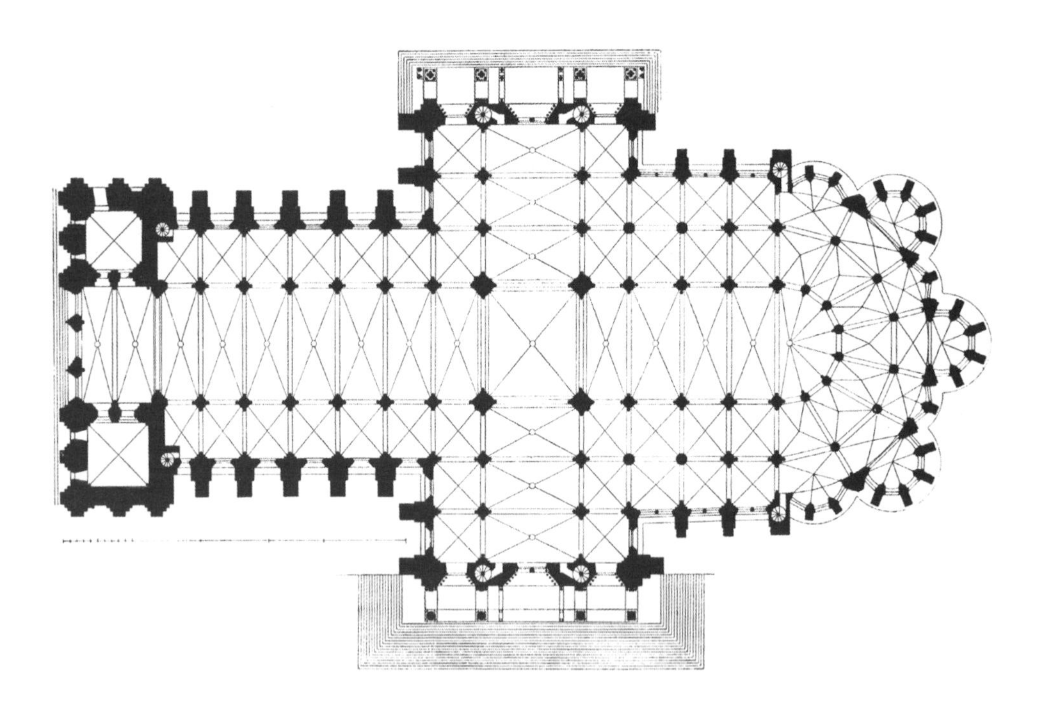

图 2-3-21 法国巴黎圣母院平面图

图 2-3-22 法国巴黎圣母院西立面

（二）法国巴黎圣母院

巴黎圣母院建造于 1163 年到 1250 年间，巴黎圣母院位于法国巴黎市中心的西堤岛上，是天主教巴黎总教区的主教座堂。高耸挺拔，辉煌壮丽，因法国浪漫主义作家维克多・雨果的同名小说改编而搬上荧幕的《巴黎圣母院》为人们所熟知。雨果将其比喻为“石头的交响乐”（图 2-3-21 ~ 图 2-3-25）。

1. 主立面

西端是巴黎圣母院主立面，一对钟塔高 69 米，其水平与竖直比近乎黄金比 1:0.618，装饰带把立面横向划分三层，粗壮的墩子把立面纵向分为三段，使立面分为 9 块小的黄金比矩形。

第一层是 3 个双圆心矢形门洞，当中是主门，描述的是耶稣在天庭的“最后审判”；左边是著名的“圣母门”，描绘圣母受难复活、被圣者和天使围绕的情形；右边是“圣安娜”门，描述的是圣安娜的故事，以及大主教许里为路易七世受洗的情形。门层层后退，形成哥特式教堂的典型特征——尖圆拱券。拱门上方为众王廊，装饰的是 28 个尺度很大的法国历代君王的雕像。

第二层两侧为两个巨大的石质中棂窗子，中间是彩色玻璃窗，是巴黎圣母院的代表。它的直径约 10 米，俗称“玫瑰玻璃窗”，精巧而华丽，建于 1220-1225 年。中央供奉着圣母圣婴，两边立着天使的塑像，两侧立的是亚当和夏娃的塑像。

第三层是一排细长的雕花拱形石栏杆。那些石栏杆上，塑造了许多神情怪异而冷峻，带着奇怪的翅膀如鸟状的精灵。左右两侧顶上的就是没有塔尖的塔楼，其中一座塔楼悬挂着《巴黎圣母院》一书中，卡西莫多敲打的重达 13 吨的大钟，敲击时钟声宏亮，全城可闻。

2. 教堂室内

巴黎圣母院的平面呈典型哥特式教堂的拉丁十字形，坐东朝西，东西长 125 米，南北宽 47 米。十字的顶部是圣坛，后面是半圆形的外墙。巴黎圣母院的内部并排着两列直径 5 米的大圆柱，将内部分为五个殿，柱子高达 24 米，直通屋顶。两列柱子距离不到 16 米，而屋顶却高 35 米，从而形成狭窄而

图 2-3-23 法国巴黎圣母院室内

图 2-3-24 法国巴黎圣母院侧面

图 2-3-25 法国巴黎圣母院细部

高耸的空间，给人以向天国靠近的幻觉。整座教堂内部的全宽为 40 米，穹顶宽为 33 米，中舱为 12.5 米。在十字交叉堂和唱诗堂周围还有两个回廊环绕。中庭的上方有一个高达 90 米的尖塔，塔顶是一个细长的十字架，据说，耶稣受刑时所用的十字架及其冠冕就在此十字架下面的球内封存着。

第三章 15-18 世纪建筑

15—18 世纪建筑，以文艺复兴运动为标志。文艺复兴运动试图重新实现灵魂与肉体、理想与现实的和谐统一，神权不再笼罩一切。人文主义的觉醒，导致了人性的复苏和艺术的繁荣，从而最终促成了西方文化的现代化转型，进入全面繁荣的新时代。

第一节 文艺复兴建筑

一、概述

14、15 世纪，随着资本主义制度萌芽的出现，产生了早期的资产阶级，在意大利建立了一批独立的、经济繁荣的城市共和国，市民的力量甚至超过了封建主。

中世纪时期，人们为了追求与上帝的和谐而忽视了自身需求，新兴资产阶级力图通过树立以人为本的人文主义思想来突破陈旧的世界观和宗教观，引导中世纪的结束和新时代来临的“文艺复兴运动”从此诞生。

在研究古希腊、古罗马建筑著作和遗迹考察的基础上，人们惊喜地认识到古典建筑的巨大价值，形成了一个遵从其规则和造形原则，以结构匀称和布局整齐为特征的建筑思潮。基于对中世纪神权至上的批判和对人道主义的肯定，扬弃了中世纪时期的哥特式建筑风格，同“哥特风格”决裂。那些严谨的古典柱式重新成为控制建筑布局和构图的基本要素，古典柱式和圆拱结构再次得到启用和升华，文艺复兴的建筑是讲究秩序和比例的，拥有严谨的立面和平面构图。在建筑类型上，文艺复兴建筑摒弃了以往为神而建的传统，而是大量地以世俗用途为

图 3-1-1 文艺复兴建筑正面示意图

目的，如市政厅、商场、富商的豪宅等。

代表作有菲利波·勃鲁涅列斯基设计的佛罗伦萨花之圣母教堂、佛罗伦萨的育婴院，诸多意大利艺术家、设计师合作的法国枫丹白露宫，米开朗基罗·迪·洛多维科设计的佛罗伦萨的美狄奇府邸、罗马圣彼得大教堂，莱昂·巴蒂斯塔·阿尔伯蒂设计的佛罗伦萨的鲁奇兰府邸、多纳托·伯拉孟特设计的罗马坦比哀多礼拜堂、罗马的康瑟瓦突宫，小桑迦洛设计的罗马法尔尼斯府邸，安德烈亚·帕拉第奥设计的维琴察的巴西利卡和圆厅别墅等。

二、成就

（一）丰富了建筑类型

在文艺复兴时期，建筑类型、建筑形制、建筑形式都比以前增多了。既有神庙也有新兴资产阶级的府邸和别墅；办公市政厅，及各类作坊和行会大厦；城市广场和塔楼层出不穷，郊外花园也相继出现；在那些建立了中央集权的国家里，宫廷建筑也大大发展起来。世俗建筑一般围绕院子布置，有整齐庄严的临街立面。外墙立面逐渐采用古典柱式，在主体水平线条的框架内，叠柱式壁柱将立面分割成大小一致的矩形，窗子严格

图 3-1-2 意大利佛罗伦萨法尔内赛宫

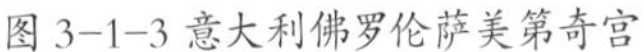

图 3-1-3 意大利佛罗伦萨美第奇宫

图 3-1-4 意大利罗马坦比哀多礼拜堂

限制在矩形的空间内。有的还在女儿墙上，与壁柱相对应的位置树立精美的人物雕塑（图 3-1-1、图 3-1-2）。

（二）建筑结构与形态

梁柱系统与拱券结构混合应用；大型建筑外墙用石材，内部用砖，或者下层用石、上层用砖砌筑；在方形平面上加鼓形座和圆顶；穹窿顶采用内外壳和肋骨；这些，都反映出结构和施工技术达到了新的水平（图 3-1-3、图 3-1-4）。为追求所谓合乎理性的稳定感，半圆形券、厚实墙、圆形穹隆、水平向的厚檐被用来与哥特风格中的尖券、尖塔、垂直向上的束柱、飞扶壁和小尖塔等建筑符号对抗。在建筑的总体轮廓上，文艺复兴批判哥特风格的参差不齐，比较讲究统一与条理性。产生了一种崭新的设计思想，把建筑物分成两部分来分别设计：建筑物的“骨架”（墙体结构）和建筑物的“反映”（附加的装饰部分）。确定建筑物的造型和规模的同时，建筑师可选择要使用的建筑柱式，并因此来决定具体的细节和比例。然后，就着手用这些圆柱和柱顶结构组成的几何体系“包”住整个“墙体”，这样，建筑物在尚未呈现其功能之前就揭示了它全部的几何关系。

（三）系统的建筑理论

这一时期出现了不少建筑理论著作，大抵是以维特鲁威的《建筑十书》为基础发展而成的，这些著作源于古典建筑理论，特点之一是强调人体美，把柱式构图同人体进行比拟，反映了当时的人文主义思想。特点之二是用数学和几何学关系如黄金分割 (1.618 ： 1)、正方形等来确定美的比例和协调的关系。

意大利 15 世纪著名建筑理论家和建筑师阿尔伯蒂所写的《论建筑》表明建筑师们还将文艺复兴时期的许多科学技术成果，如力学上的成就、绘画中的透视规律、新的施工机具等等，运用到建筑创作实践中去。

但是，文艺复兴晚期的建筑理论使古典形式变为僵化的工具，定了许多清规戒律和严格的柱式规范，这也成为 17 世纪法国古典主义建筑的样本。

（四）建筑体系标准化

古典柱式制定出严格的规范，一方面采用古典柱式，一方面又灵活变通，大胆创新，甚至将各个地区的建筑风格同古典

图 3-1-5 沙尔威的特雷维喷泉

图 3-1-6 帕拉第奥的维琴察奥林匹克剧场

图 3-1-7 佛罗伦萨花之圣母教堂外檐

图 3-1-8 佛罗伦萨花之圣母教堂室内

柱式融合一起。以这些标准化造型为基础的，不再需要分别设计每个支座、每个柱头以及各个装饰性结构的造型，只需从五种柱式中选取一种，并采用其比例关系即可，而且整个装饰性结构也自然顺理成章，需要变化的仅仅是新设计的形状和规模，使之最切合建筑物的使用目的（图 3-1-5）。

（五）透视画法的运用

在 15 世纪出现了透视法，布鲁内莱斯基把这一技法首次形成规律并进行了示范，它提供了一种新技术，能把空间物体按科学定则表现在纸上，它使建筑师能对正在进行的工作实行有效的控制，并能保证他所雇佣的人员拥有精确复制他所设计的建筑物的手段。

艺术家和建筑师运用“透视法”创作壁画，使路面显得特别深远，这一手法后来成为艺术家、建筑师最感兴趣的科目之一，这种透视法运用最典型的例子就是罗马的奥林匹克剧场（图 3-1-6）。

（六）建筑师走向舞台

随着建筑的兴盛，对专业人才的需求亦越来越大，出现了“建筑师”这个名词。他们来自雕刻师、绘图师、画家、工程师和细木工等。此时，建筑师对于柱式和建筑物造型的选择拥有了主要的决策权。这一时期产生了许多伟大的建筑大师，如

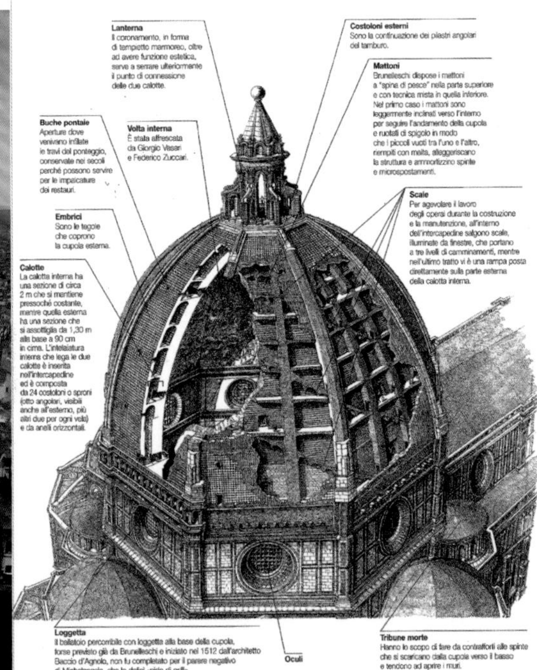

图 3-1-9 佛罗伦萨花之圣母教堂大穹顶构造示意图

菲利波·伯鲁乃列斯基、莱昂·巴蒂斯塔·阿尔伯蒂、米开朗基罗、达芬奇、拉斐尔等。

三、主要代表作赏析

（一）佛罗伦萨花之圣母教堂

花之圣母教堂又名“圣玛利亚·德尔·弗洛雷大教堂”“圣母百花教堂”等，徐志摩更称之为“翡冷翠”，以妩媚、优雅而著称。它坐落在佛罗伦萨的中心地带，高耸的乔托钟楼、拥有“天堂之门”的圣乔万尼洗礼堂、气质优雅的圣母百花大教堂建筑群已成为佛罗伦萨最为著名的地标之一（图 3-1-7、图 3-1-8）。

圣母百花大教堂最为著名的是教堂圆顶，圆顶呈双层薄壳形，双层之间留有空隙，上端略呈尖形。八角圆顶为红色，顶高 31 米，最大直径为 45.52 米，教堂高 91 米，以罗马万神殿为范本，建成时是当时最大的圆顶，圆顶的正中为尖顶塔亭（图 3-1-9）。

圣母百花大教堂的正门为三座青铜大门，每块都刻有数十块青铜浮雕，精美、庄严、气势磅礴，正门之上有圣母玛利亚的雕像（图 3-1-10）。外墙使用白、红、绿三色花岗岩贴面，鲜艳的大理石块拼成几何图形，气派华丽。白色大理石产于意大利卡拉拉山，又名卡拉拉石；绿色的大理石来源于意大利的普拉托；淡粉色的大理石来源于玛雷玛（图 3-1-11）。

图 3-1-10 佛罗伦萨花之圣母教堂正面

图 3-1-11 佛罗伦萨花之圣母教堂细部

（二）圣彼得大教堂

1. 概述

圣彼得大教堂又译为梵蒂冈圣伯铎大殿，位于意大利首都罗马西北的梵蒂冈，是罗马基督教的中心教堂，欧洲天主教徒的朝圣地与梵蒂冈罗马教皇的教廷，总面积 2.3 万平方米，主体建筑高 45.4 米，长约 211 米，是全世界最大的圆顶大教堂。

布拉曼特、拉斐尔、米开朗琪罗、德拉·波尔塔、卡洛·马泰尔等 120 多位杰出的艺术家参加了圣彼得大教堂的重建工作，直到 1626 年 11 月 18 日才正式宣告落成。

2. 建筑

圣彼得大教堂平面呈拉丁十字，罗马式的圆顶穹窿和希腊式的柱梁相结合，具有明显的文艺复兴时期主要特征，气势宏伟。正面宽 115 米，高 45 米，以中线为轴两边对称，8 根圆柱对称立在中间，4 根方柱排在两侧，柱间有 5 扇大门，2 层楼上有 3 个阳台，中间的一个叫祝福阳台。教堂的平顶上正中间站立着耶稣的雕像，两边是他的 12 个门徒的雕像，高大的圆顶上有很

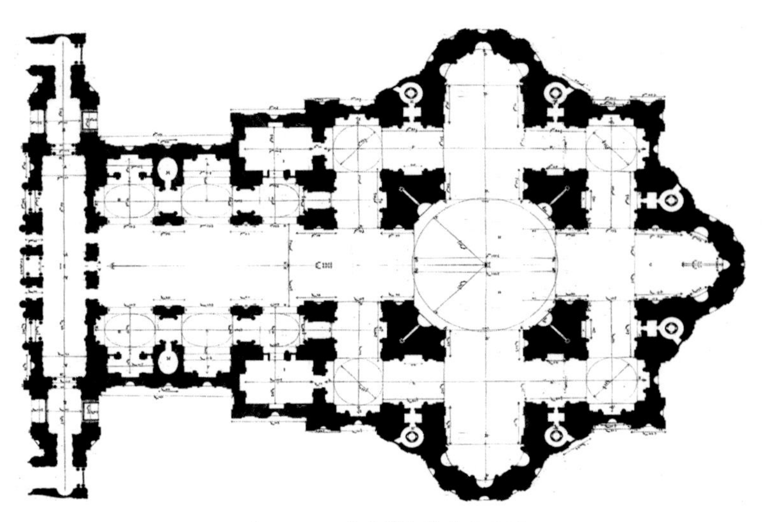

图 3-1-12 圣彼得大教堂平面图

多精美的装饰。两侧各有一座钟表，右边显示格林威治标准时间，左边显示罗马时间。大殿下面有 5 扇门，平常一般走中门，右边是每 25 年打开一次的圣门，其他三门分别是“圣事门”、“善恶门”和“死门”（图 3-1-12 ~图 3-1-16）。

图 3-1-13 圣彼得大教堂西立面

图 3-1-14 圣彼得大教堂南立图

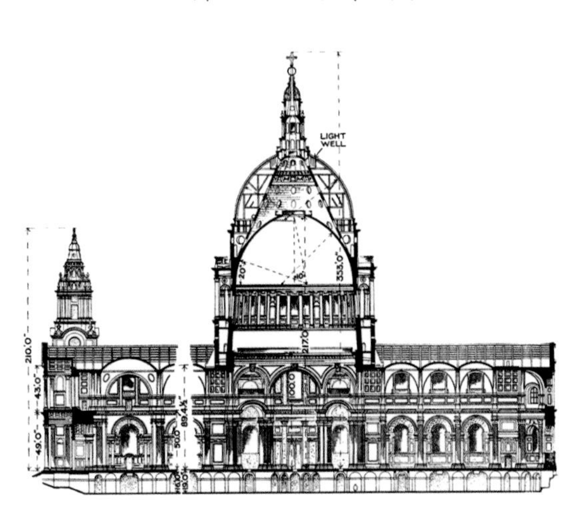

图 3-1-15 圣彼得大教堂剖面图

图 3-1-16 圣彼得大教堂外檐

图 3-1-17 圣彼得大教堂室内

图 3-1-18 圣彼得大教堂穹顶内部

图 3-1-19 圣彼得大教堂彩色玻璃大窗

图 3-1-20 圣母怜子

图 3-1-21 青铜华盖

图 3-1-22 圣彼得宝座

3. 室内

教堂内部正殿尽头的彩色玻璃大窗上有一只圣灵信鸽，翼展达 1.5 米之长。拱顶的高度是 38 米，富丽堂皇，美轮美奂（图 3-1-17 ~ 图 3-1-19）。

圣彼得大教堂不愧为是一座伟大的艺术殿堂，许多艺术家贡献了毕生的心血，拥有多达百件的艺术瑰宝，其中最有名的三件雕刻艺术杰作分别为圣母怜子、青铜华盖、圣彼得宝座（图 3-1-20 ~ 图 3-1-22）。

（三）圣彼得广场

圣彼得广场建于 1667 年，长 340 米、宽 240 米，被两个半圆形的长廊环绕，每个长廊由 284 根高大的圆石柱支撑着长廊的顶，顶上有 142 个教会史上有名的圣男圣女的雕像。广场中

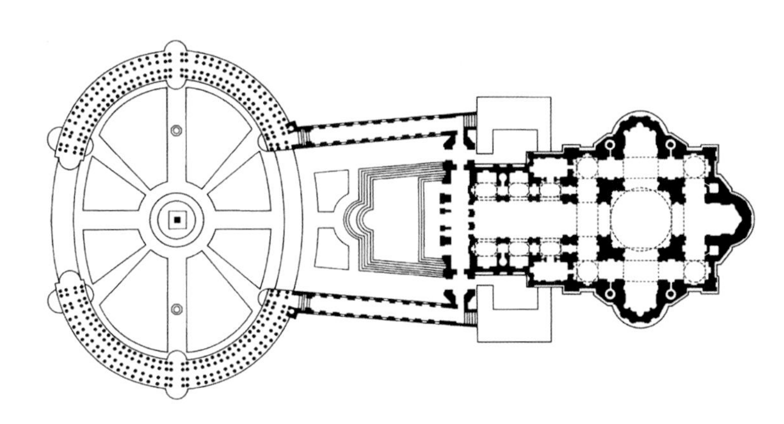

图 3-1-23 圣彼得广场平面

图 3-1-24 圣彼得广场剖立面

图 3-1-25 圣彼得广场鸟瞰

图 3-1-26 圣彼得广场鸟瞰

图 3-1-27 圣彼得广场

间耸立着一座 41 米高，一整块石头雕刻而成的埃及方尖碑，方尖碑两旁各有一座美丽的喷泉（图 3-1-23 ~ 图 3-1-27）。

（四）法国枫丹白露宫

枫丹白露宫位于塞纳河左岸的枫丹白露镇，距首都巴黎约 60 公里。它曾经是法国国王的行宫别苑，如今是法国国家枫丹白露博物馆。它始建于 1137 年，最初仅是国王的狩猎行宫，后经过扩建，成为法国的王宫之一，拥有 1900 个房间的宫殿一派富丽堂皇（图 3-1-28）。公元 16 世纪时，弗朗索瓦一世想造就一个“新罗马”，把此宫加以改建和扩大，面貌一新的宫殿被开阔的庭院所环绕，富有浓郁意大利建筑的韵味，把文艺复兴时期的风格和法国传统艺术完美和谐地融合在一起。此后这种风格又被称为“枫丹白露派”。

（五）佛罗伦萨的美狄奇府邸

美狄奇府邸建于 1460 年，位于意大利佛罗伦萨市中心。为文艺复兴时期建筑师米开朗基罗作品，被认为是意大利文艺复兴时期府邸建筑的范本。建筑全体呈长方形，正面东南向，面阔 68.6 米，纵深近 58 米，高将近 27 米。建筑采用三段式，且由上到下有质感变化。首层采用加工粗犷的块石，表面起伏

0.2 米，砌缝很宽；第二层是雕琢工整的石块，但砌缝仍有 0.8 米宽；顶层采用光面块石，磨砖对缝，外观平滑。建筑檐口挑出 1.85 米，巨大的挑檐以及檐下华丽的雕饰显得气势恢宏（图 3-1-29）。

图 3-1-28 法国枫丹白露宫

图 3-1-29 佛罗伦萨的美狄奇府邸

（六）罗马的康瑟瓦突宫

康瑟瓦突宫采用古罗马的巨柱式结构，巨大的壁柱贯穿 1 ~ 2 层，外置开放的台阶、三角形和圆弧形相间的窗楣，顶部装饰线条之上有人物雕像（图 3-1-30）。

图 3-1-30 罗马的康瑟瓦突宫

第二节 巴洛克建筑

一、概述

巴洛克一词源于西班牙语及葡萄牙语，意为“畸形的珍珠”，当时人们认为它的华丽、炫耀的风格是对文艺复兴风格的贬低，古典主义者也用它来称呼这种被认为是离经叛道的建筑风格，如今，人们已经公认巴洛克风格是欧洲一种伟大的艺术风格（图 3-2-1）。

图 3-2-1 西班牙圣地亚哥德孔波斯特拉大教堂

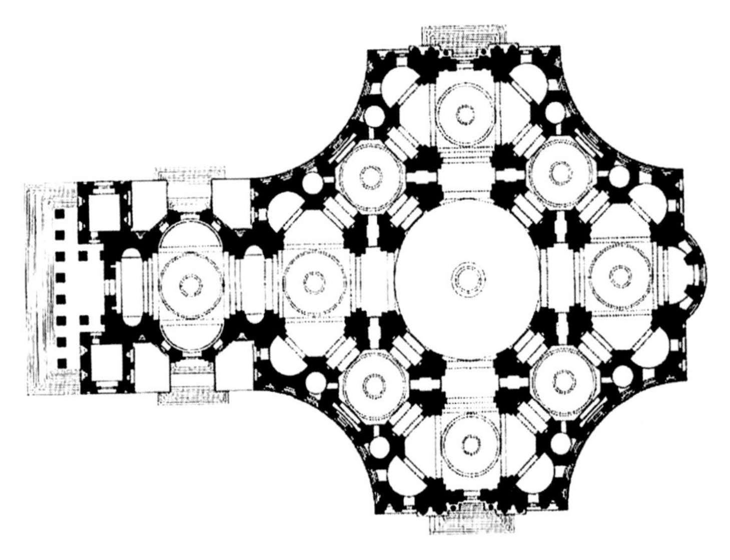

图 3-2-2 巴洛克建筑平面示意图

巴洛克建筑是 17—18 世纪在意大利文艺复兴建筑基础上发展起来的一种建筑和装饰风格。巴洛克建筑极富想象力，创造了许多出奇入幻的新型式，开拓了建筑造型的领域，积累了大量独创的手法。其特征是外形自由，追求动态，常用穿插的曲线和椭圆形空间，柱子特别粗大，屋顶布满雕刻，柱子、圆拱及柱头绵延的曲线区域取代了有秩序的矩形区域，雕塑和绘画在建筑设计上扮演了重要角色。巴洛克建筑则打破建筑、雕刻与绘画的界限，追求戏剧性效果，用活泼的形式来取得平衡。代表作有罗马的耶稣会教堂、圣卡罗教堂，德国的十四圣徒朝圣教堂、罗赫尔的修道院教堂，奥地利维也纳的舒伯鲁恩宫室，法国的巴黎歌剧院等。

图 3-2-3 捷克布拉格圣约翰教堂室内图

二、特点

（一）不规则平面

此时的建筑一般规模较小，不宜采用拉丁十字形平面，因此多改为圆形、椭圆形、梅花形、圆瓣十字形等单一空间的殿堂，在造型上大量使用曲面（图 3-2-2）。

（二）善于利用动势

运动与变化可以说是巴洛克艺术的灵魂。平面与天花装饰强调曲线动态，赋予建筑实体和空间以动态，或者波折流转，或者骚乱冲突；人物刻画不再是古典文艺复兴时的静态表现，而是呈现歪斜配置的动感；伸向地平线的道路，运用变换透视效果使其变得扑朔迷离的镜面手法等力图表现或暗示无穷感（图 3-2-3）。

图 3-2-4 法国凡尔赛宫王宫教堂室内

（三）炫耀财富

从 17 世纪 30 年代起，意大利教会财富日益增加，各个教区先后建造自己的巴洛克风格教堂，既有宗教的特色又有享乐主义的色彩。教堂大量使用贵重的材料，充满了华丽的装饰，色彩鲜丽（图 3-2-4）。

图 3-2-5 意大利塔奎尼亚教堂

（四）强调光影效果

此时的设计是一种人为光线，而非自然的光，使之产生一种戏剧性气氛。采用双柱、3/4 壁柱等形式，创造比文艺复兴更有立体感、深度感、层次感的空间。墙面凹凸度很大，装饰丰富，有强烈的光影效果（图 3-2-5）。

（五）追求新奇

巴洛克建筑是一种激情的艺术，它打破理性的宁静和谐，具有浓郁的浪漫主义色彩，非常强调艺术家的丰富想象力。建筑师们标新立异，前所未见的建筑形象和手法层出不穷，不拘泥各种不同艺术形式之间的界线，打破建筑、雕刻和绘画的界限，使它们互相渗透；追求戏剧性、夸张、透视的效果，不顾结构逻辑，采用非理性的组合，取得反常的幻觉效果，如立面山花断开、檐部水平弯曲等（图 3-2-6、图 3-2-7）。

图 3-2-6 意大利威尼斯 S.Moise 教堂外檐

三、主要代表作赏析

（一）罗马耶稣会教堂

意大利文艺复兴晚期著名建筑师和建筑理论家维尼奥拉设计的罗马耶稣会教堂是由手法主义向巴洛克风格过渡的代表作，也有人称之为第一座巴洛克建筑。手法主义是 16 世纪晚期欧洲的一种艺术风格。其主要特点是追求怪异的效果，以夸张的细长比例表现人物等。

罗马耶稣会教堂位于意大利罗马的耶稣广场。正门上面分层檐部和山花做成重叠的弧形和三角形，大门两侧采用了倚柱和扁壁柱，立面上部两侧作了两对大涡卷（图 3-2-8）。平面为长方形，端部突出一个圣龛，由哥特式教堂惯用的拉丁十字形演变而来，中厅宽阔，拱顶布满雕像和装饰。两侧用两排

图 3-2-7 意大利威尼斯 S.Moise 教堂室内

图 3-2-8 罗马耶稣会教堂外檐

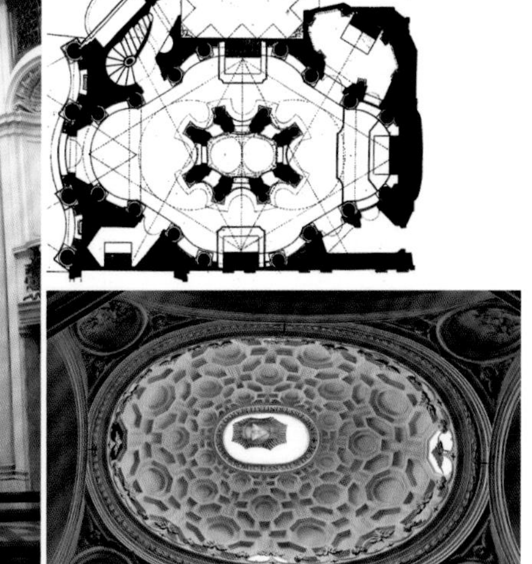

图 3-2-9 罗马耶稣会教堂室内

小祈祷室代替原来的侧廊，十字正中升起一座穹窿顶。教堂的圣坛装饰富丽而自由，上面的山花突破了古典法式，装饰圣像和体现光芒（图 3-2-9）。

（二）罗马圣卡罗教堂

圣卡罗教堂由波洛米尼设计，是巴洛克建筑全盛时期的代表作。建筑立面的平面轮廓为波浪形，中间隆起，基本构成方式是将文艺复兴风格的古典柱式，即柱、檐壁和额墙在平面上和外轮廓上曲线化（图 3-2-10）。它的殿堂平面近似橄榄形，周围有一些不规则的小祈祷室。教堂的室内大堂为龟甲形平面，垂拱上的穹顶为椭圆形，顶部正中有采光窗，穹顶内面上有六角形、八角形和十字形格子，在形状和装饰上有很强的流动感和立体感（图 3-2-11）。

图 3-2-10 罗马圣卡罗教堂外檐

图 3-2-11 罗马圣卡罗教堂室内

（三）德国班贝格十四圣徒朝圣教堂

十四圣徒朝圣教堂位于德国巴伐利亚州的班贝格。教堂外观简洁，装饰曲线柔和，正面有一对高耸入云的塔尖（图 3-2-12）。教堂的内部显得极其华丽，是典型的罗马宫廷派建筑风格，平面布置非常新奇，正厅和圣龛做成三个连续的椭圆形，拱形天花也与此呼应，教堂内部上下布满用灰泥塑成的各种植物形状装饰图案（图 3-2-13）。

（四）法国巴黎歌剧院

该建筑位于法国巴黎歌剧院大街，毗邻“老佛爷”商场。原称加尼叶歌剧院，以法国建筑师查尔斯·加尼叶命名，也被戏称为“绿帽子王”，是全世界最大的表演正歌剧的剧院。1667 年开始建造，1875 年建成，建筑正面雄伟庄严、豪华壮丽，被誉为一座集绘画、大理石和金饰交相辉映的剧院，是新巴洛克式建筑的典范之一（图 3-2-14 ~ 图 3-2-16）。

巴黎歌剧院长 173 米，宽 125 米，建筑总面积 11237 平方米，共有 2156 个座位。这个金碧辉煌的艺术殿堂，四壁和廊柱布满巴洛克式的雕塑、挂灯、绘画，其中很多是希腊神话中神的画像，甚至将其比喻成装满了金银珠宝的豪华首饰盒（图 3-2-17 ~ 图 3-2-19）。

图 3-2-12 德国班贝格十四圣徒朝圣教堂外檐

图 3-2-13 德国班贝格十四圣徒朝圣教堂室内

图 3-2-14 法国巴黎歌剧院外檐

图 3-2-15 法国巴黎歌剧院外檐

图 3-2-16 法国巴黎歌剧院外檐

图 3-2-17 法国巴黎歌剧院室内

图 3-2-18 法国巴黎歌剧院室内

图 3-2-19 法国巴黎歌剧院室内

第三节 古典主义建筑

一、概述

法国古典主义建筑主要以法国为代表，它的理论和创作影响十分深远。法国古典主义建筑大都是规模巨大、造型雄伟的宫廷建筑和纪念性的广场建筑群。讲求运用“纯正”的古希腊罗马建筑风格和古典柱式的建筑形式，造型严谨，普遍应用古典柱式，内部装饰丰富多彩。古典主义用于说明美学观点，通常指与古代艺术相联系的一些特点，如和谐、明晰、严谨、普遍性和理想主义。古典主义也可以看成是文艺复兴在建筑世界的反映和延续。其特征是纯粹简单的数学和几何结构，决不能容忍沉溺于装饰的趣味和任何纷繁的细节。其风格的纯正，气质的高雅，理性的威严，酷似至高无上的君权专制，给人一种冷峻凌人的震撼力。代表作有法国的卢浮宫、凡尔赛宫和荣军院等。

二、特点

（一）排斥民族传统和地域特色，恪守古罗马的古典规范，以此作为建筑艺术的基础。

（二）以古典柱式为构图基础，为符合专制政体要在一切方面建立有组织的社会秩序的理想，彰显“逻辑性”，古典主义者反对柱式同拱券结合，主张柱式只能有梁柱结构的形式。

巨柱式起源于古罗马，在意大利文艺复兴晚期又进一步制定了严格的规范，经过千百年的锤炼，柱式的比例和细节相当精审完美。比起叠柱式来，巨柱式减少了分划和重复，既能简化构图，又使构图有所变化，并且统一完整。巨柱式也有利于区分主次，有利于创造壮丽的建筑。

（三）在建筑平面布局、立面造型中造型强调主从关系，突出轴线，讲究对称；提倡富于统一性与稳定性的横三段和纵三段式的立面构图形式；常用半圆形穹顶统率整幢建筑物，成为中心；强调局部和整体之间，以及局部相互之间的正确的比例关系，把比例看作建筑造型中的决定性因素。

（四）在建筑造型上追求端庄宏伟、完整统一和稳定感；室内则极尽豪华，充满装饰性，常有巴洛克特征。

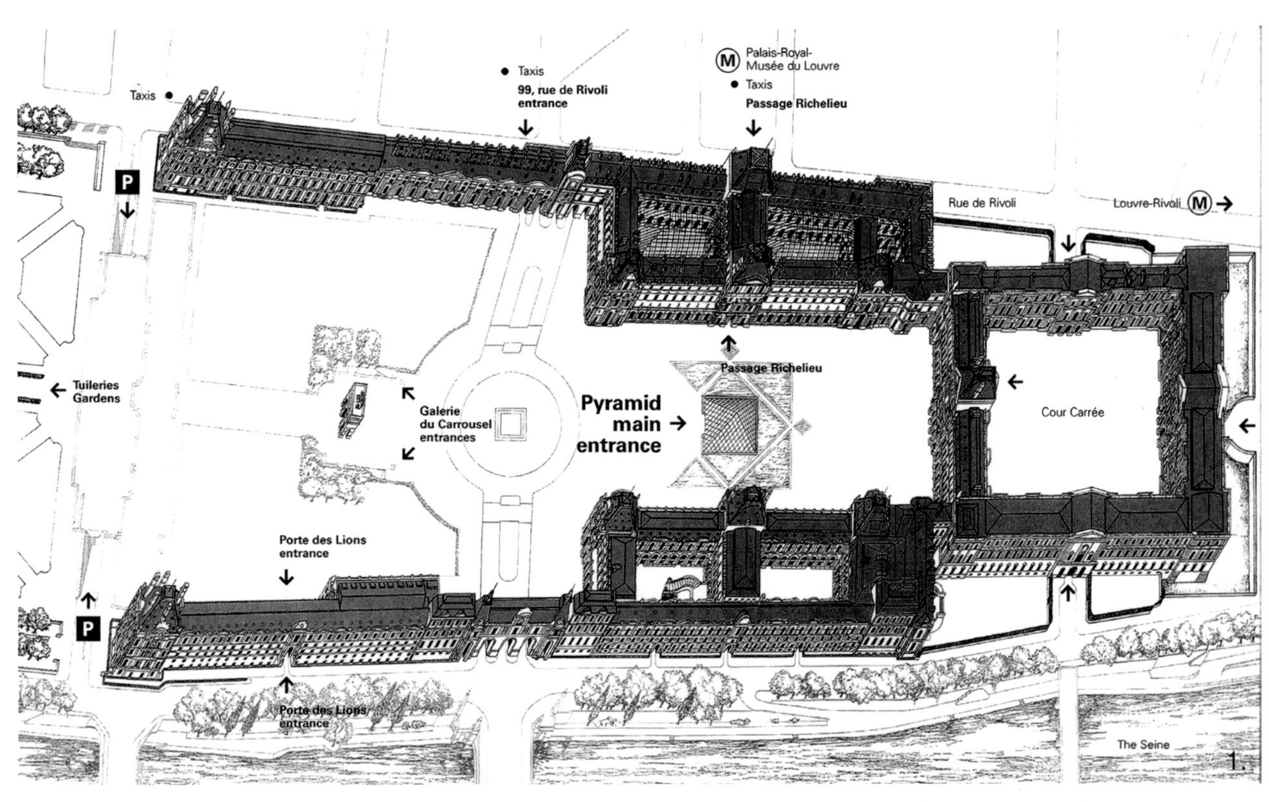

1. 图 3-3-1 法国巴黎的卢浮宫平面示意图
2. 图 3-3-2 法国巴黎的卢浮宫外檐
3. 图 3-3-3 法国巴黎的卢浮宫外檐

三、主要代表作赏析

（一）法国巴黎的卢浮宫

卢浮宫位于巴黎市中心的赛纳河畔，是法国历史上最悠久的王宫，始建于 1204 年，历经 700 多年扩建重修达到今天的规模。分为新老两部分，老的建于路易十四时期，新的建于拿破仑时代。整体建筑呈“U”形，占地面积为 45 公顷，建筑物占地面积为 4.8 公顷，全长 680 米，有 198 个展览大厅，展厅面积大约为 138000 平方米。卢浮宫收藏了人类艺术古代部分的精华，有着“人类文明发展的总索引”之誉，是举世瞩目的艺术殿堂和万宝之宫（图 3-3-1 ~ 图 3-3-3）。

图 3-3-4 法国巴黎的卢浮宫金字塔形玻璃入口

图 3-3-5 法国巴黎的凡尔赛宫外檐

宫前的金字塔形玻璃入口，是华人建筑大师贝聿铭设计的（图 3-3-4）。

（二）法国巴黎的凡尔赛宫

凡尔赛宫位于法国巴黎西南郊外伊夫林省省会凡尔赛镇。1682 年至 1789 年是法国的王宫。凡尔赛宫占地 110 万平方米，有各种建筑物 700 多座。宫殿建筑气势宏大，结构对称，王宫的平面图为“凸”字形，中央部分是国王的庭院，外围则是主宫。“凸”字底部向外伸展的两翼是南翼宫与北翼宫，里面有皇家教堂和皇家歌剧院（图 3-3-5）。

凡尔赛宫是新古典式宫殿的代表，立面为标准的古典主义三段式处理，即将立面划分为纵、横三段，建筑左右对称，造型轮廓整齐、庄重雄伟，被称为理性美的代表。主体建筑带有长廊，廊柱间有精美的雕刻作为装饰，显得古朴端庄，精致典雅（图 3-3-6 ~ 图 3-3-8）。凡尔赛宫的正面入口，是三面围合的小广场——大理石庭院，有红砖墙面、大理石雕塑和镀金装饰，地面用红色大理石装饰。凡尔赛宫室内装饰极其豪华富丽，有 500 余间大殿小厅，包括海格立斯厅、丰收厅、维纳斯厅（又名金星厅）、狄安娜厅（又名月神厅）、玛尔斯厅（又名战神厅或火星厅）、墨丘利厅（又名水星厅或御床厅）、阿

图 3-3-6 法国巴黎的凡尔赛宫外檐细部

图 3-3-7 法国巴黎的凡尔赛宫外檐细部

图 3-3-8 法国巴黎的凡尔赛宫外檐细部

图 3-3-9 法国巴黎的凡尔赛宫室内

图 3-3-10 法国巴黎的凡尔赛宫室内

波罗厅（又名太阳神厅）、战争厅、镜厅、和平厅、国王套房、王后套房、王太子套房、剧场、教堂、战争画廊、特里亚农宫等，处处金碧辉煌，豪华非凡（图 3-3-9、图 3-3-10）。

（三）法国巴黎的荣军院

荣军院全称为“荣誉军人院”，又名“巴黎残老军人院”，1670 年 2 月 24 日“太阳王”路易十四下令兴建一座用来安置伤残军人的建筑，现在为法国军事展览馆，位于法国巴黎第七区。法兰西帝国的始皇帝拿破仑·波拿巴被安葬在荣军院中。

荣军院中央顶部覆盖着有三层壳体的穹窿，外观呈抛物线状，略微向上提高，顶上还加了一个文艺复兴时期惯用的采光亭。穹窿顶下的空间是由等长的四臂形成的希腊十字，四角上是四个圆形的祈祷室。新教堂立面紧凑，穹窿顶端距地面 106.5 米，是整座建筑的中心，方方正正的教堂本身看来像是穹窿顶的基座，更增加了建筑的庄严气氛（图 3-3-11、图 3-3-12）。

图 3-3-11 法国巴黎的荣军院

图 3-3-12 法国巴黎的荣军院

（四）法国巴黎的先贤祠

先贤祠被称为“巴黎的万神庙”，位于巴黎市中心塞纳河左岸的拉丁区，于 1791 年建成，是永久纪念法国历史名人的圣殿，是法国精神的象征、巴黎历史的见证。至今，共有 72 位对法兰西做出非凡贡献的人享有这一殊荣，包括伏尔泰、卢梭、维克多・雨果、居里夫妇、大仲马等。建筑平面呈十字形，长 100 米，宽 84 米，高 83 米。廊前有 22 根高 19 米的科林斯柱式，支撑着三角形山花，山花是名为“在自由和历史之间的祖国”大型浮雕，檐壁上则刻有著名的题词：“献给伟大的人们，祖国感谢你们。”中央穹顶直径达 21 米，由里外三层半球体一层套一层而构成：内层穹顶上开圆洞，空间直达中层穹窿，其顶离地近 70 米。穹顶外包铅皮，由环绕科林斯柱廊的高大鼓座承托（图 3–3–13、图 3–3–14）。

图 3–3–13 法国巴黎的先贤祠外檐

图 3–3–14 法国巴黎的先贤祠室内

第四节 洛可可建筑

一、概述

洛可可一词由法文“Rocaille”（由贝壳与小石子制成的室内装饰物）与意大利文“Barocco”（巴洛克风格）合并而来。洛可可建筑风格是在巴洛克建筑风格的基础上发展起来的，产生于法国并流行于欧洲，主要表现在室内装饰上，后来被新古典风格所取代。

18世纪初，法国的专政体制出现了危机。对外作战失利，经济面临破产，宫廷糜烂透顶，宫廷的鼎盛时代一去不返。洛可可装饰风格以欧洲封建贵族文化的衰败为背景，表现了没落贵族阶层颓丧、浮华的审美理想和思想情绪。他们受不了古典主义的严肃理性和巴洛克的喧嚣放肆，转而追求华美闲适、妖媚柔靡、逍遥自在的生活趣味。洛可可风格在形成过程中还受到中国艺术的影响，特别是在庭院设计、室内设计、丝织品、瓷器、漆器等方面。代表作有法国巴黎苏俾士府邸公主沙龙和凡尔赛宫的镜厅、凡尔赛宫的王后居室、尤金王子的花园宫和德国波茨坦无愁宫、德国的奥托博伊伦大教堂、德国的维尔茨堡、林德霍夫宫等。

图 3-4-1 法国巴黎苏俾士府邸外檐

二、特点

18 世纪兴起的洛可可建筑与巴洛克建筑相辅相成，洛可可风格本身与其说是一种建筑风格，倒不如说更像是一种室内装饰艺术。主要表现在室内装饰上，具有繁琐、妖媚、柔糜的贵族气味和浓厚的脂粉气。

（一）模仿自然形态

洛可可装饰风格细腻柔媚，常采用不对称手法，创造富有动感的、自由奔放而又纤细、轻巧、华丽繁复的装饰样式。喜欢用弧线和 S 形线，尤其爱用贝壳、旋涡、卷草舒花等曲线形花纹，缠绵盘曲，连成一体。天花和墙面有时以弧面相连，转角处布置壁画。

（二）粉嫩的色调

室内墙面粉刷，常用象牙白、嫩绿、粉红、玫瑰红等娇艳色彩，光泽闪烁，线脚大多用金色。室内护壁板有时用木板，有时作成精致的框格，框内四周有一圈花边，中间常衬以浅色东方织锦。

（三）大量使用反光材质

经常使用玻璃镜、水晶灯等高反射材质，强化效果，增加迷幻氛围。

三、主要代表作赏析

（一）法国巴黎苏俾士府邸公主沙龙

苏俾士府邸公主沙龙由热尔曼·博夫朗设计。大厅为椭圆形，由 8 个柱子支撑着上部的圆顶，柱上饰有金色洛可可风格图案，曲线优美，圆顶上以柔缓的曲线加以装饰。墙面有白色镶板，镶着金色的细线图案，连续不断的墙上饰有大量的窗户或镜子，与装饰丰富的屋顶天花融为一体，富于变幻。通过镜子、绘画、灰泥浅浮雕、色彩（金色为基调）以及吊灯和家具等形成娇柔同时又充满幻想的形态，充满了女性气息，造成介乎于现实与幻觉之间的空间气氛（图 3-4-1 ~ 图 3-4-3）。

（二）凡尔赛宫的镜厅和王后卧室

镜厅又称镜廊，曾被广泛认为是无上权力的象征。长 76 米，

图 3-4-2 法国巴黎苏俾士府邸公主沙龙室内

图 3-4-3 法国巴黎苏俾士府邸公主沙龙室内细部

图 3-4-4 法国巴黎凡尔赛宫镜厅

图 3-4-5 法国巴黎凡尔赛宫王后卧室

图 3-4-6 德国的林德霍夫宫外檐

高 13 米，宽 10.5 米，厅内长廊一侧是 17 扇朝花园而开的巨大拱形窗门，另一侧是由 483 块镜片镶嵌而成的 17 面落地镜，它们与拱形窗门一一对称，把门窗外的蓝天、景物完全映照出来。厅内 3 排挂烛上 32 座多支烛台及 8 座可插 150 支蜡烛的高烛台所点燃的蜡烛，经镜面反射，形成约 3000 支烛光，把整个大厅照得金碧辉煌。厅内地板为细木雕花，墙壁以淡紫色和白色大理石贴面装饰，柱子为绿色大理石。柱头、柱脚和护壁均为黄铜镀金，装饰图案的主题是展开双翼的太阳，表示对路易十四的崇敬。天花板上为 24 具巨大的波希米亚水晶吊灯，以及歌颂太阳王功德的油画（图 3-4-4）。

王后卧室最吸引人的是床幔，仿佛一个巨大的皇冠，无刻不彰显主人崇高的地位和荣耀（图 3-4-5）。

图 3-4-7 德国的林德霍夫宫室内

图 3-4-8 德国的林德霍夫宫室内

图 3-4-9 德国的林德霍夫宫室内

（三）德国的林德霍夫宫

林德霍夫宫位于富饶的德国巴伐利亚州埃塔尔，由一生富有悲剧色彩的“疯子”国王路德维希二世于 1874—1878 年间建造。

林德霍夫宫外表端庄素雅（图 3-4-6），室内则强烈追求怪诞繁复的洛可可风格，并混杂着东方色彩（图 3-4-7 ~ 图 3-4-10）。国王寝室内摆着国王最爱的蓝色天鹅绒床，每当点亮天花板那盏有 108 支蜡烛的吊灯时，整个寝室瞬间变得璀璨辉煌。其中的餐室呈优美的椭圆形，室内采用闪亮的红色，餐室正中安放着可升降的“自动上菜魔桌”。

图 3-4-10 德国的赫尔伦基姆泽宫外檐

(四)德国的赫尔伦基姆泽宫

赫尔伦基姆泽宫建于 1885 年，位于巴伐利亚最大的湖泊——基姆湖中。基姆湖中有三个岛，分别为男人岛、女人岛和香草岛。男人岛因岛上有一座男人修道院而得名。

1867 年，路德维希二世在法国参观了凡尔赛宫，然后在男人岛上仿制凡尔赛宫而建了这座赫尔伦基姆泽宫。路德维希二世只在赫尔伦基姆泽宫住了大约一周左右的时间。直到路德维希二世去世，赫尔伦基姆泽宫还有很多房间没有完成。赫尔伦基姆泽宫的镜厅中 98 米长的走廊里设置了 77 个巨大的吊灯、44 座立式台灯，镶嵌地板、雕刻壁板、人造大理石的嵌板、壁镜、布满壁画的天花板、镀金的石膏，其奢华程度甚至超过了凡尔赛宫的镜厅 (图 3-4-10 ~图 3-4-12)。

图 3-4-11 德国的赫尔伦基姆泽宫镜厅

图 3-4-12 德国的赫尔伦基姆泽宫室内

第四章 19 世纪建筑

18 世纪中叶到 19 世纪末是欧洲从古代向现代过渡的重要阶段，工业革命使资本主义经济得到了迅猛的发展，资产阶级已经上升为各社会阶层的主导的力量。同时，庞培城的考古发现，引起了社会各界的广泛关注，在希腊发现了大量的古建筑，人们被古典之美震撼的同时，一个新的建筑思潮——古典复兴由此诞生了。其先后经历浪漫主义建筑、新古典主义建筑和折衷主义建筑三个阶段。

总体来看这一时期的建筑是保守的，建筑师们没有依据新时代和新技术去创造新的建筑形式。只是以往的建筑形式轮番出现，仿佛像是欧洲古典建筑的最后谢幕。

第一节 浪漫主义建筑

一、概述

工业革命不仅带来了生产的大发展，同时也滋生了城市的杂乱拥挤、贫民窟、环境恶化等。于是社会上出现了一批乌托邦社会主义者，他们回避现实，夹杂着消极的虚无主义色彩，向往中世纪的世界观，崇尚传统的文化艺术，要求发扬个性自由、提倡自然天性，同时用中世纪艺术的自然形式反对资本主义制度下用机器制造出来的工艺品。浪漫主义建筑就是在 18 世纪下半叶到 19 世纪下半叶，欧美一些国家在文学艺术思潮的影响下流行的一种建筑风格，他们认为建筑美必须恢复到中世纪的自然情调，必须重视哥特精神，以体现对上帝的敬仰，影响信仰基督教国家的建筑，进而，他们又把走下历史舞台的哥特风格“复兴”起来，因此又称为哥特复兴建筑。其发展历程分为两个阶段：

（一）先浪漫主义阶段

18 世纪 60 年代至 19 世纪 30 年代是浪漫主义建筑发展的第一阶段。旧封建贵族怀旧思想与小资产阶级为了逃避工业城市的喧嚣，追求中世纪田园生活的情趣与意识。表现为模仿中世纪的城堡式的府邸或哥特风格，追求非凡的趣味和异国情调，甚至出现东方式的建筑小品。代表作有英国布赖顿的皇家别墅。

（二）形成潮流阶段

19 世纪 30 年代至 19 世纪 70 年代是浪漫主义建筑的第二阶段。此时的浪漫主义已发展成为一种建筑创作潮流，代表作有英国伦敦的议会大厦、曼彻斯特市政厅、爱丁堡的圣吉尔斯教堂、德国富森市的新天鹅堡等。

二、特点

浪漫主义艺术崇拜力量、激情、诗意，追求奇异不凡，这正与哥特式建筑的怪异和富于想象力、创造性极其合拍而备受推崇。浪漫主义建筑在艺术上强调个性，提倡自然主义，主张用中世纪的艺术风格与学院派的古典主义艺术相抗衡。

三、主要代表作赏析

（一）英国议会大厦

英国议会大厦即威斯敏斯特宫，位于泰晤士河西岸一个近于梯形的地段上，是英国国会上下两院的所在地，又被称为国会大厦。它始建于公元 750 年，原为英国的王宫。16 世纪中叶以后，这里成为议会所在地。1834 年进行重建，重建时运用了 15 世纪和 19 世纪风行一时的哥特复兴式风格。

国会大厦占地 3.24 万平方米，整个议会大厦占地 3 万平方米，全长 300 米，共有 1100 个房间，走廊长度共计 3 公里，有 100 多处楼梯、11 个内院。大厦中的中央大厅是整个大厦的交通枢纽，中央大厅的平面呈八角形，上部是一个拱顶，高达 23 米，从这里可以前往上院和下院（图 4-1-1、图 4-1-2）。

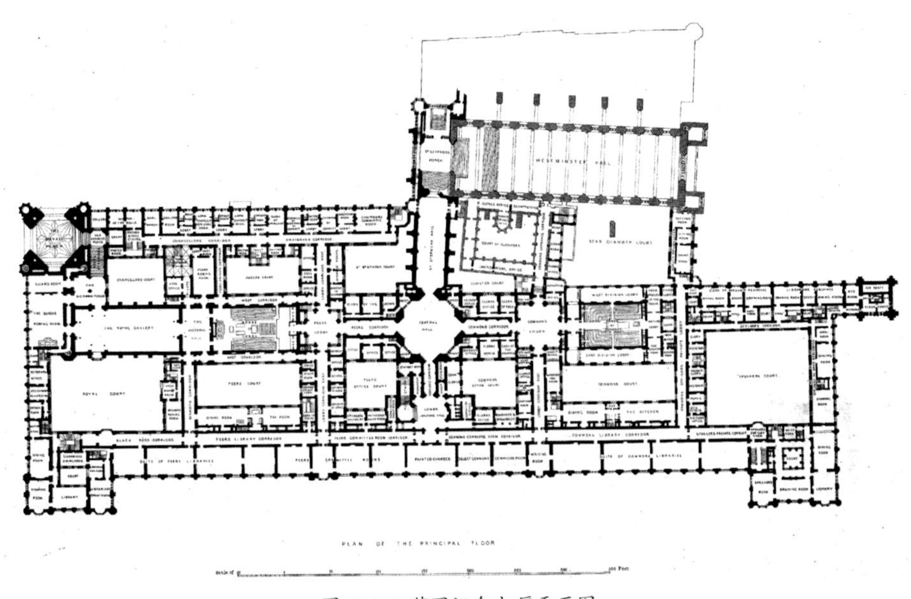

图 4-1-1 英国议会大厦平面图

图 4-1-2 英国议会大厦鸟瞰图

建筑外檐其顶部冠以大量小型的塔楼，而墙体则饰以尖拱窗、优美的浮雕和飞檐，以及镶有花边的窗户上的石雕饰品。整个建筑物中西南角的维多利亚塔最高，达 103 米，此外，97 米高的钟楼也很引人注目，悬挂着著名的“大笨钟”。国会大厦是 19 世纪中期英国最主要的哥特式建筑，也是世界最大的哥特式建筑物，1987 年被列为世界文化遗产（图 4-1-3）。

图 4-1-3 英国议会大厦外檐

图 4-1-4 英国曼彻斯特市政厅外檐

（二）曼彻斯特市政厅

曼彻斯特是仅次于伦敦的英国第二大城市，市政厅于 1877 年建成，位于艾伯特广场，高达 286 英尺，是曼彻斯特的主要行政中心（图 4-1-4），也是维多利亚时代哥特式建筑的代表作。它也见证了“世界第一个工业城市”曼彻斯特曾有的辉煌。大厅内最令人侧目的是拉斐尔前派代表画家布朗的 12 幅大型壁画（图 4-1-5），为了更好地阐释这座城市的历史，大厅地面铺满了极具特色的马赛克地板，地板上还带有象征着曼切斯特工业的“蜜蜂”标志（图 4-1-6）。

图 4-1-5 英国曼彻斯特市政厅室内

图 4-1-6 英国曼彻斯特市政厅室内

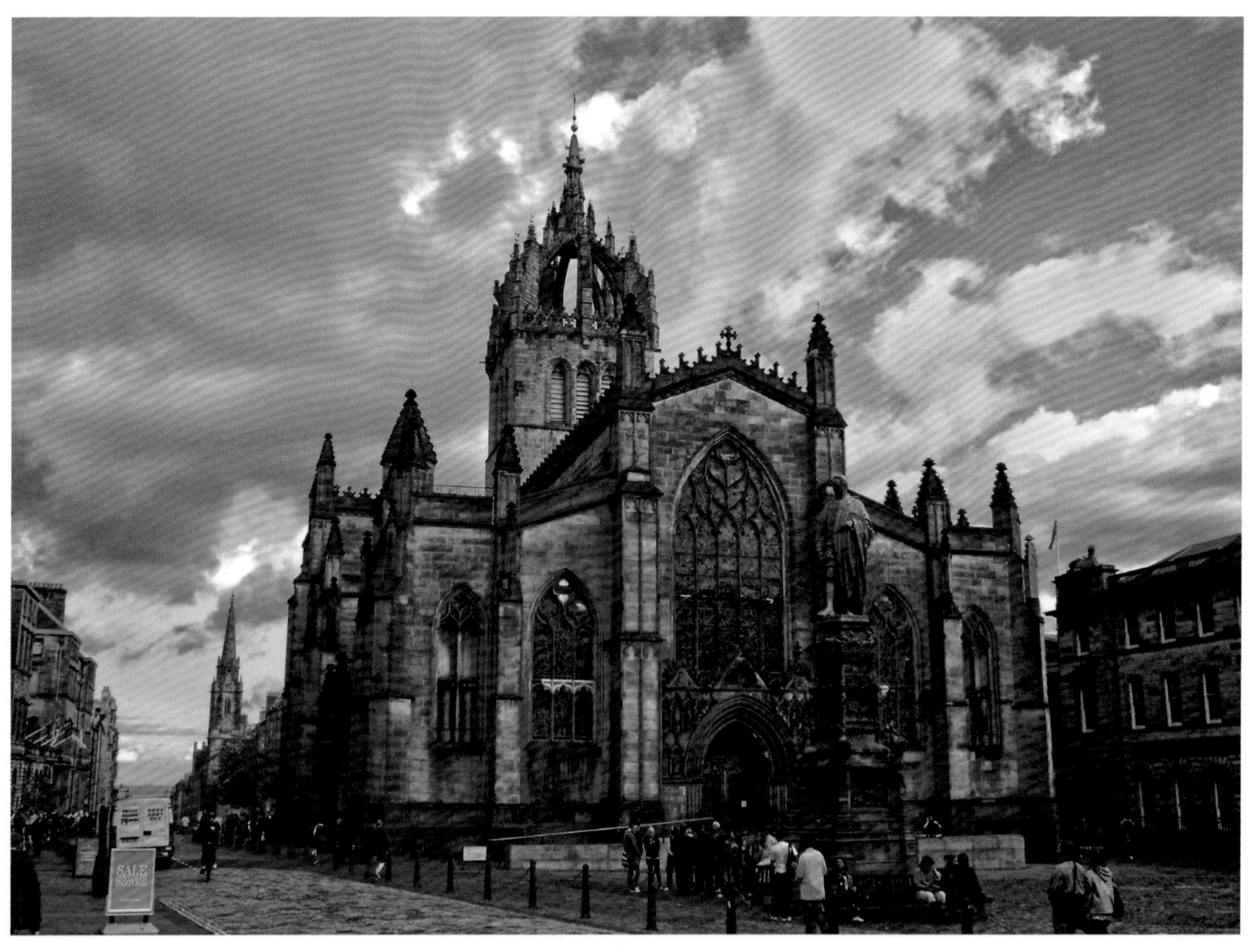

图 4-1-7 英国爱丁堡圣吉尔斯教堂外檐

（三）爱丁堡圣吉尔斯教堂

圣吉尔斯教堂原建于 1120 年，后遭大火烧毁，于 1385 年重建，耸立于皇家英里大道边，是基督教苏格兰长老会的权力中心，通常被认为是全世界苏格兰长老会教堂的“母教堂”，也是苏格兰的国家教堂。独特之处在于它的塔顶，造型像是一顶皇冠，仿照苏格兰王冠设计，体现出它在苏格兰首屈一指的地位（图 4-1-7）。教堂前有白金汉公爵塑像。教堂中有一座 20 世纪增建的苏格兰骑士团礼拜堂，新歌德式的天花板与饰壁上的雕刻极为精美华丽（图 4-1-8）。

图 4-1-8 英国爱丁堡圣吉尔斯教堂室内

（四）德国的新天鹅堡

新天鹅堡全名“新天鹅石城堡”，由“无治世之才，却充满艺术气质”的路德维希二世建造。在入住尚未完工的新城堡时，他一直暗恋的茜茜公主送了一只瓷制的天鹅祝贺，于是路德维希二世就将此城堡命名为新天鹅城堡。

这座白墙蓝顶的“梦幻城堡”是巴伐利亚国王路德维希二世的行宫之一，是迪斯尼城堡的原型，所以又名“白雪公主城堡”。它位于德国巴伐利亚西南方，距离富森镇约 4 公里，耸立在阿尔卑斯山山脉一个近一千米高、三面绝壁的山峰上，山谷中有天鹅绒般的阿尔卑斯湖和天鹅湖。白色城堡全高约 70 米，四角为圆柱形尖顶，上面设有瞭望塔。城堡经常为云山雾笼，如梦似幻，且一年四季风光各异，城堡与天然景观合二为一（图 4-1-9 ~ 图 4-1-15）。

图 4-1-9 德国新天鹅堡外檐

图 4-1-10 德国新天鹅堡外檐

图 4-1-11 德国新天鹅堡外檐

图 4-1-12 德国新天鹅堡外檐

图 4-1-13 德国新天鹅堡外檐

图 4-1-14 德国新天鹅堡外檐

图 4-1-15 德国新天鹅堡内远眺

新天鹅堡始建于 1869 年，共有 360 个房间，其中只有 14 个房间依照设计建成。这座理想化的浪漫主义建筑以瓦格纳创作的音乐剧《天鹅骑士》为灵感，早已与其主人悲惨的生活经历永远交织在一起。主要包括国王起居室、国王宫殿、歌手厅等（图 4-1-16 ~图 4-1-18）。

图 4-1-16 德国新天鹅堡国王起居室

图 4-1-17 德国新天鹅堡国王宫殿

图 4-1-18 德国新天鹅堡歌手厅

第二节 新古典主义建筑

一、概述

新古典主义建筑又称古典复兴建筑，是 18 世纪 60 年代到 19 世纪提倡复兴古希腊和古罗马的建筑艺术装饰的一种建筑风格，新古典主义建筑的装饰比古典时期的建筑显得更加简单和质朴。所谓新古典主义也就是相对于 17 世纪的古典主义而言的，非 17 世纪法国古典主义的重复，是西方建筑艺术现代变革的产物，是对 18 世纪纤巧细腻浮华的洛可可艺术风尚的反对，旨在用古罗马文化来推崇高尚质朴的思想和为国献身的英雄主义。

新古典主义建筑风格是在意大利巴洛克和洛可可建筑风格风靡之后，以其简洁的造型和所蕴含的独特意义而倍受推崇的。

新古典主义建筑风格的影响十分深远，欧洲各国纷起效仿。采用这种风格的建筑当时主要有国会、法院、银行、交易所、博物馆、剧场等公共建筑和一些纪念性建筑。代表作有英国伦敦的大不列颠博物馆、法国马德兰教堂、雄师凯旋门、德国柏林的勃兰登堡门、柏林宫廷剧、美国国会大厦、华盛顿的林肯纪念堂等。

二、特点

（一）提倡复兴古希腊和古罗马的建筑艺术装饰，在格式上与古典主义风格相仿，追求规则式构图和传统建筑符号的应用。

（二）立面呈水平三段式，即所谓的高台阶、粗柱廊、厚山花。第一层通常用重块石或画出仿石砌的线条；第二层用古希腊、古罗马的五种柱式；第三层的檐口及山花用西洋线脚装饰，正面檐口或门柱上往往以三角形山花装饰，与底层重块石互相呼应。有的还在屋顶沿街或转角部位加带穹窿顶的阁楼亭。

（三）多为重大题材的纪念性建筑。在构图上，强调轮廓的完整性，不再使用尖拱和穹窿；在建筑尺度上，体积庞大，盛气凌人；在建筑比例上，严格符合了人体的黄金比例，比例严谨；在建筑色彩上，色调灰暗而忧郁，使人望而生畏。

三、主要代表作赏析

（一）英国伦敦的大不列颠博物馆

大不列颠博物馆位于英国伦敦新牛津大街北面的大罗素广场，已有

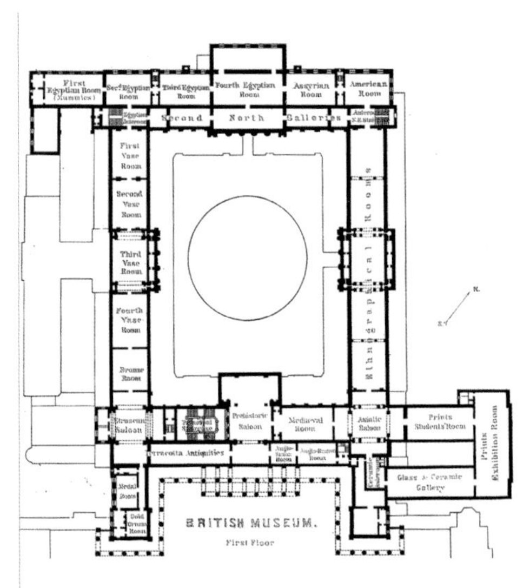

图 4–2–1 英国伦敦的大不列颠博物馆平面图

图 4–2–2 英国伦敦的大不列颠博物馆外檐

250 年历史，是世界上历史最悠久、规模最宏伟的综合性博物馆，与纽约的大都会艺术博物馆、巴黎的卢浮宫同列为世界三大博物馆。

英国国家博物馆现有建筑为 19 世纪中叶所建，主要包括四翼大楼、带穹顶的圆形阅览室，以及诺曼·福斯特设计的大中庭。四翼楼带有东南西北四翼的四边形建筑（图 4–2–1）。它于 1852 年完工，其典型特点是南入口的借鉴于古希腊神庙建筑的圆柱和山墙（图 4–2–2），博物馆正门的两旁，各有八根又粗又高的罗马式圆柱，每根圆柱上端是一个三角顶，上面刻着一幅巨大的浮雕，整个建筑气魄雄伟，蔚为壮观（图 4–2–3）。大中庭位于大英博物馆中心。广场的顶部是用 1656 块形状奇特的玻璃片组成的，广场中央为大英博物馆的阅览室，对公众开放（图 4–2–4）。

（二）法国马德兰教堂

马德兰教堂又名“军功庙”，位于协和广场南北轴线的北部。1806 年拿破仑下令由建筑师维尼雍设计建造一座可以与希腊雅典古神庙相媲美的建筑，作为纪念法兰西大军的“荣

图 4–2–3 英国伦敦的大不列颠博物馆正门

图 4–2–4 英国伦敦的大不列颠博物馆大中厅

图 4-2-6 法国马德兰教堂三角形山花浮雕

图 4-2-7 法国马德兰教堂室内

图 4-2-8 法国马德兰教堂“圣·玛利亚升天”

图 4-2-9 法国马德兰教堂穹顶马赛克镶嵌画“天主教历史颂歌”

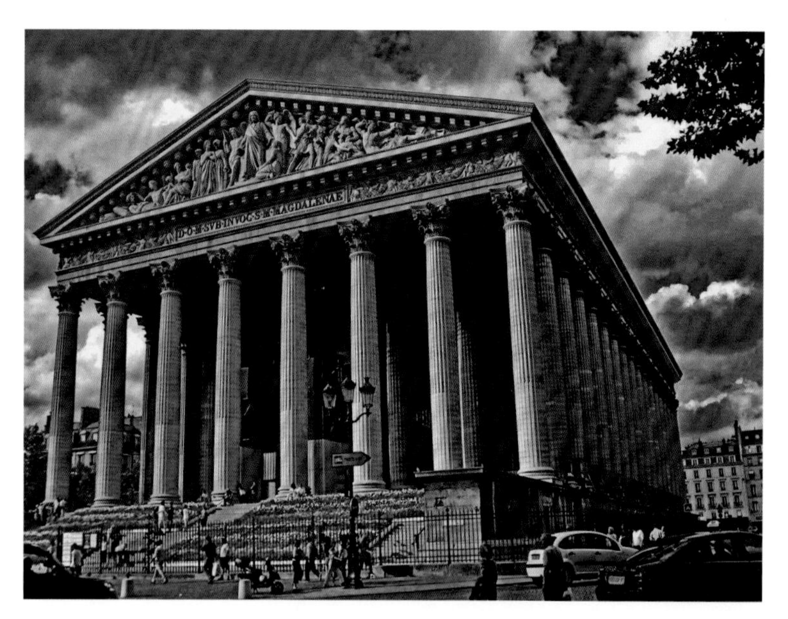

图 4-2-5 法国马德兰教堂外檐

誉殿堂”。滑铁卢战役中拿破仑失败后，这座殿堂又改回原名马德兰教堂。

建筑物采用了希腊围柱式神庙的形制，立在高约 7 米的基座上，共有 28 级宽大的台阶，长 108 米，宽 43 米，高 30.5 米，教堂四周是 52 根罗马科林斯柱式柱子，教堂的柱间距只有两个柱径，柱高不到底径的 10 倍，威严雄伟（图 4-2-5）。顶部是人字型屋顶，正面三角内是 1834 年梅内尔创作的巨型浮雕“末日审判”（图 4-2-6）。教堂的两扇大门由三吨重的青铜铸造，上面是德特里格缔所做的以旧约全书“十戒”为内容的浮雕。

教堂内部由一个门厅、一个神坛和一个三间进深的大厅组成。门厅上覆着筒拱，神坛上覆着半穹顶，而大厅则由三个扁平的拜占庭式穹顶覆盖，它们的帆拱由墙前独立的柱子承载着（图 4-2-7）。80 米长的单式大殿四周风格统一和谐，前庭左右两侧是两组群雕，分别是普拉迪埃与吕德所做的“基督的洗礼”“玛利亚的婚礼”，教堂深处中央，祭坛后是马罗盖缔所做的“圣·玛利亚升天”（图 4-2-8），祭坛上方是 250 平方米的马赛克镶嵌画“天主教历史颂歌”，宗教气氛浓厚（图 4-2-9）。

（三）德国柏林勃兰登堡门

勃兰登堡门位于柏林市中心菩提树大街和 6 月 17 日大街的交汇处，柏林人对该门怀有特殊的感情，称它为“命运之门”，是德国统一的象征。1788 年，普鲁士国王弗里德利希 · 威廉二世统一德意志帝国，为表庆祝，由当时德国著名建筑学家卡尔·歌德哈尔·朗汉斯受命承担设计与建筑工作，他以雅典古希腊柱廊式城门为蓝本，仿照了雅典阿克波利斯建筑风格，设计了这座凯旋门式的城门，并于 1791 年竣工。重建后的城门高 20 米，宽 65.6 米，进深 11 米，门内有 5 条通道，中间的通道最宽。门内各通道之间用巨大的砂岩条石隔开，条石的两端各饰 6 根高达 14 米、底部直径为 1.7 米的多立克式立柱（图 4-2-10）。为使此门更辉煌壮丽，当时德国著名的雕塑家戈特弗里德·沙多又为此门顶端设计了一套青铜装饰雕像——四匹飞驰的骏马拉着一辆双轮战车，战车上站着一位背插双翅的女神，她一手执杖一手提辔，一只展翅欲飞的普鲁士飞鹰鹫立在女神手执的饰有月桂花环的权杖上。

图 4-2-10 德国柏林勃兰登堡门

此门建成之后曾被命名为“和平之门”，战车上的女神被称为“和平女神”。1814 年，为纪念普法战争的胜利又雕刻了一枚象征普鲁士民族解放战争胜利的铁十字架，镶在女神的月桂花环中。从此，“和平女神”被改称为“胜利女神”，此门也逐渐成为德意志帝国的象征（图 4-2-11）。

图 4-2-11 德国柏林勃兰登堡门“胜利女神”像

另外，在各通道内侧的石壁上镶嵌着沙多创作的 20 幅描绘古希腊神话中大力神海格拉英雄事迹的大理石浮雕画。30 幅反映古希腊和平神话“和平征战”的大理石浮雕装饰在城门正面的石门楣上（图 4-2-12）。

图 4-2-12 德国柏林勃兰登堡门大理石浮雕画

（四）美国国会大厦

美国国会大厦位于华盛顿国家广场东端。该建筑以一个圆形大厅以及两翼作为标记（图 4-2-13），北翼是参议院，于 1800 年完工，南翼是众议院，于 1811 年完工。

图 4-2-13 美国国会大厦外檐

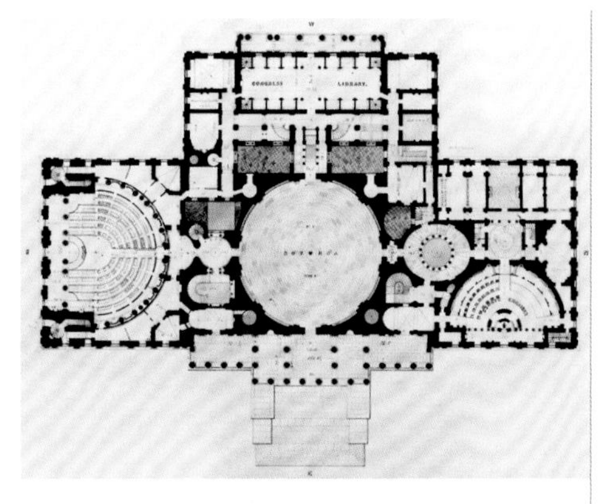
图 4-2-14 美国国会大厦平面图

图 4-2-15 美国国会大厦中央圆形大厅

图 4-2-16 美国国会大厦中央圆形大厅穹顶巨幅壁画

该建筑外墙全部使用白色大理石，通体洁白，建筑师力图使它给人一种神圣纯洁的感受。它高约 94 米，南北长约 246 米，东西宽 115 米，有 540 个房间（图 4-2-14）。整幢国会大厦是一座三层的平顶建筑，其中央是一座高高耸立的圆顶，也分三层。大厦圆顶为钢铁内结构，外部环以典雅的立柱。6 米高的“武装的自由神像”端坐拱顶。她头顶羽冠，右手持剑，左手扶盾，永远眺望东方太阳升起的地方。

中央圆形大厅内高 53 米，大厅直径 30 余米（图 4-2-15）。国会大厦圆形大厅的穹顶上是 4664 平方英尺的巨幅壁画“华盛顿成为上帝”，画面中心为美国开国总统华盛顿，身侧分别为胜利女神和自由女神，画面中的其他 13 位女神则代表美国初立的 13 州（图 4-2-16）。中央圆形大厅的南侧，是环立着形形色色人物雕像的雕塑大厅（图 4-2-17）。

第三节 折衷主义建筑

一、概述

折衷主义是一种哲学术语，源于希腊文，意为“有选择能力的”。它把各种不同的观点无原则地、机械地拼凑在一起，没有自己独立的见解和固定的立场。

19 世纪上半叶至 20 世纪初，继拿破仑战败后，欧洲进入

图 4-2-17 美国国会大厦雕塑大厅

和平重建的新时期，蒸汽机开始运用于交通领域，改变了城市的尺度衡量标准，城市开始大规模地向外扩张，随着社会的发展，需要有丰富多样的建筑来满足各种不同的要求，建筑师们已经无力再去独创一个全新的建筑风格。此时，快速而有效的办法就是以历史上出现过的各种风格为蓝本，加以模仿和重新组合。因此，借用此方法很快便出现了希腊、罗马、拜占廷、中世纪、文艺复兴和东方情调的建筑在许多城市中纷然杂陈的局面。这种手法被后人总结为折衷主义，相关的建筑就是折衷主义建筑。

折衷主义在某种意义上来说是一种中庸的艺术，又可细分为“集仿主义”和“学院派”两大阵营。

（一）集仿主义

把不同风格、不同时期的建筑揉和于一体。

（二）学院派

以法国巴黎美术学院为代表，把建筑当作是纯艺术，追求豪气与雄壮，重视构图的和谐，讲究比例权衡与推敲，以套用、模仿等手段作为主要的建筑设计方法，产生了罗马伊曼纽尔二世纪念碑、巴黎圣心教堂等一批优秀的折衷主义代表作。

总的来说，折衷主义建筑思潮依然是保守的，没有按照当时不断出现的新建筑材料和新建筑技术去创造与之相适应的新建筑形式。代表作有法国巴黎歌剧院、巴黎的圣心教堂、意大利罗马的伊曼纽尔二世纪念建筑等。

二、特点

折衷主义建筑师任意模仿历史上各种建筑风格，或自由组合各种建筑形式，他们不讲求固定的法式，只讲求比例均衡，注重纯形式美。这时的建筑是纯粹服务于模仿历史样式，着重建筑外表的特征、手法、细部等，给各种历史风格总结出一整套标准的特点，并给这些历史风格一个简单的评语，以便于业主选购，例如：古典主义代表公正，哥特式代表虔信，文艺复兴式代表高雅，巴洛克式代表富贵。

三、主要代表作赏析

（一）巴黎的圣心教堂

圣心教堂因法国巴黎的天主教宗座圣殿供奉着耶稣的“圣

图 4-3-1 法国巴黎圣心教堂外檐

图 4-3-2 法国巴黎圣心教堂门顶雕像

心”而得名，位于巴黎北市区 129 米高的蒙马特高地制高点上。它于 1876 年动工兴建，1919 年建成。圣心大教堂呈白色，55 米高，直径 16 米的洁白大圆顶以及四周的四座小圆顶玲珑剔透、光彩夺目，所以又称为“白教堂”。其风格奇特，既像罗马式，又像拜占庭式，兼取罗曼建筑的表现手法(图 4-3-1)。

大教堂总长 85 米，宽 35 米。教堂门口有两座台阶，沿着山坡而上。大门口有三扇拱形门，门顶上有两座骑马的雕像，一座是国王圣路易，另一座是法国民族女英雄贞德（图 4-3-2）。

（二）意大利罗马的伊曼纽尔二世纪念建筑

伊曼纽尔二世纪念建筑位于意大利罗马的威尼斯广场上，采用白色大理石，造型雄伟。它为纪念 1870 年完成统一大业的意大利开国国王维克多 · 伊曼纽尔二世而建造，于 1885 年开始动工，耗时 25 年于 1911 年建成。意大利人亲切地称之为“结婚蛋糕”或“打字机”（图 4-3-3）。

它采用了罗马的科林斯柱廊和希腊古典晚期帕伽玛的宙斯祭坛形制。建筑物以水平线条为主，垂直线条为辅，由一个高达 70 米、长 135 米的大型柱廊构成，下设宽大的大台阶，气势恢宏。16 根科林斯柱子形成的凹进式弧形柱廊是建筑物最出彩的部分，柱子高 15 米，上面设有女儿墙。柱廊两端各用四根柱，上设山花作收头，两边的山花之上，各设一个站在四骑马车上带翅膀的胜利之神雕像。

图 4-3-3 意大利罗马的伊曼纽尔二世纪念建筑外檐

第五章 欧洲古典建筑综述

欧洲古典建筑中给人们印象最深的即是那些庄严肃穆的教堂。教堂及皇宫代表了当时的最高建筑技能，这可以归附于建筑师自身的信仰、当时皇权及教庭所掌控的权力等原因。大多数欧洲古典建筑都带有浓厚的宗教色彩及个人信仰，大量使用带有宗教意味的设计来装饰。

一、特点

在西方现代文化中，人们一方面仍然保持着对崇高理想的不倦热情；一方面则理直气壮地享受现实人生，力图把尘世中的家园建设成为憧憬中的天国。对上帝的信仰是西方古典建筑创造的最大动力。

欧洲古典建筑的时代性嬗变恰好印证了伏尔泰的一句名言：“谁不具备时代之精神，谁将被时代所抛弃。”是时代的，一定是永恒的。欧洲古典建筑的遵从与突破，继承与发展，形成不同时期的特色，对近现代建筑以及当代建筑产生了深远的影响，对人类建筑文明发展所产生的作用是不可估量的。

（一）以石材为主要的建筑材料

欧洲古典建筑多选用大理石、天然混凝土等，从适用上说，其使用寿命是无与伦比的；从审美上说，石材有其凝重的美、大气的美、自然的美，正好符合建筑艺术的审美追求；从工艺上说，细腻的大理石、粗犷的天然混凝土极富表现力，使建筑物升华成为艺术；从技术上说，天然混凝土的使用，大大促进了拱券结构的发展。

（二）重在表现“人与自然的对抗之美”的艺术风格

西方古典建筑亦以夸张的造型和撼人的尺度展示建筑的永恒与崇高。那些精密的几何比例，充满张力的穹窿与尖拱，傲然屹立的神殿、庙坛，处处皆显示出一种与自然对立的气势，从而引发人们惊异、亢奋、皈依等审美情绪。

（三）单体建筑纵向发展

如果说中国建筑占据了地面，那么西方建筑就占领了空间，譬如说，罗马克里西姆达斗兽场高达48米，“万神庙”高43.5米，文艺复兴时期建筑中最辉煌的作品圣彼得大教堂高137米。其空间序列亦是采用向高垂直发展、挺拔向上的形式。这与古代西方社会的宗教情结是息息相关的。那一根根挺拔屹立的大石柱，那些刺破苍穹的尖拱，无不寄托着古代西方人对“来世”的幻想。这些庄严宏伟的建筑物固然反映西方人崇拜神灵的狂热，更多是利用了先进的科学技术成就给人奋发向上的精神力量。

（四）总体和本质上统一，局部和形式上的多元

欧洲古典建筑在形式和风格上比较多变，无论从古希腊古典柱式到古罗马的拱券、穹窿顶技术，还是从哥特建筑的尖券、十字拱和飞扶壁技术到欧洲文艺复兴时代的罗马圣彼得大教堂，在形象、比例、装饰和空间布局上都发生了很大变化，具有强烈的时代特征和地域性民族特色，同时反映西方人力求创新的不懈追求。

二、欧洲古典建筑传承的本质

欧洲古典建筑艺术在西方文化繁荣中起了重要作用，石头和雕塑堆积起来的富丽堂皇的宫殿、神圣的教堂在经历了几百年的风雨后依然令人肃然起敬，它超越了建筑功能、建筑技术，历经沧桑仍具备旺盛的生命活力，这对于我们今天的城市建设具有极大的启示。

（一）兼收并蓄，一脉相承

希腊人吸收古埃及对大理石的利用、高超的施工技术等成就，形成了比例优美的柱式、庄重的拱门、和谐的群体关系和精美的线脚雕饰为特征的古希腊风格。古罗马建筑在意大利文化与希腊建筑的基础上，发展了综合东西方石砌技术的梁柱与

拱券结合体系，并运用了地方特产火山灰制成的天然混凝土，形成了具有强烈震撼力的古罗马风格。拜占廷时期，人们又在以古希腊的古典柱式和古罗马建筑宏大规模的基础上，汲取了波斯、两河流域等地建筑艺术成就，发展了拜占廷建筑风格。日耳曼人在古罗马的建筑技术上，开发出了扶壁、肋骨拱、束柱、飞扶壁等等建筑技术，形成了哥特式建筑风格，从而把西方石砌建筑艺术推向一个辉煌的高峰。

在欧洲古典建筑的发展中，借鉴并不是照搬前人和其他民族的成就，创造也不是移植建筑成果，而是形成了世人皆知的欧洲民族建筑特色。它们原本不是一个民族、一个历史时期的创造，但它们的递进关系即在继承借鉴基础上的创新和发展构成了欧洲地域民族文化的个性。

（二）同步时代，反映潮流

在历史发展的不同时期，建筑风格有着深刻的演变，体现了当时的建筑大师们把握住了时代精神。例如，古希腊时代实行城邦共和制，从当时的建筑风格看，即使是神庙一类的建筑，它们并没有追求权力的威严，而是反映了公民集体的社会热情。当古罗马征服希腊文明后，建立起庞大的帝国，建筑大师们抓住了罗马人自信、所向披靡的精神美感，创作了角斗场、凯旋门、记功柱等建筑。形成了以罗马柱廊象征威武气势、圆形拱顶象征法力高远为特征的“罗马风”。12-15 世纪是西欧封建社会盛期，以法国为中心的“哥特”式建筑兴起。这种不见实体的墙，垂直向上伸展的形式，有着灵空而轻巧的美感，置身其中仿佛有向天国乐土升腾的感觉，反映了当时人们对宗教的虔诚心态。文艺复兴借复兴古希腊人文精神，把人从神的世界拉回到现实的人的世界，这一时期的建筑绝非简单模仿和恢复古希腊和罗马风格，而创造了一种崭新的、不同以往的面貌。诞生了讲究整齐、统一和条理性的“文艺复兴风格”；诞生了讲求视觉效果、主张新奇、善用光景变化和形体不稳定组合来产生虚幻与动荡的气氛的“巴洛克”风格；诞生了强调外形端庄和内饰豪华、轴线对称和突出中心的法国“古典主义”风格。毫无疑问，这一时期的建筑艺术至今仍然是建筑美学上的典型范例。

第六章 欧洲古典建筑评析

第一节 教堂

一、德国柏林大教堂

这座基督教路德新教的大教堂，位于德国柏林引以为傲的菩提树下大街上，它坐东朝西，东面背靠施普雷河，南面是前民主德国的共和国宫，西边面对鲁斯特花园，北边是老国家博物馆。它建造于1894—1905年威廉二世皇帝时期，设计者是尤利乌斯·卡尔·拉什多夫。

柏林大教堂带有明显的文艺复兴时期风格，教堂地上有4层，最高处高达114米。硕大的穹顶高达74米，在4个端角处还设有带圆顶的角塔，而西北角塔则是教堂的钟楼，整体从视觉上给人一种圆润丰盈的感觉。正立面采用水平3段垂直5

图6-1-1 德国柏林大教堂外檐

图 6-1-2 德国柏林大教堂
外檐细部

图 6-1-3 德国柏林大教堂
大门

图 6-1-4 德国柏林大教堂
大门

图 6-1-5 德国柏林大教堂
外檐圆雕、浮雕装饰

图 6-1-6 德国柏林大教堂正门门楣
马赛克宗教画、拱券装饰

段式，1 层带有柱廊。正中部分采用 4 棵巨大的科林斯式石柱和拱券统领（图 6-1-1 ~ 图 6-1-4）。正面有许多圆雕和浮雕，描绘的是马丁·路德等 16 世纪宗教改革家与普鲁士王室讨论问题的场景（图 6-1-5），正门门楣上还有精美的马赛克宗教画（图 6-1-6）。

教堂内部则是八角形的布道堂，可以容纳 500 人左右，

1. 图 6-1-7 德国柏林大教堂室内
2. 图 6-1-8 德国柏林大教堂穹顶内部
3. 图 6-1-9 德国柏林大教堂祭坛
4. 图 6-1-10 德国柏林大教堂管风琴

装饰着线条复杂的柱子和精美的壁画，甚至柱头都是镀金的（图 6-1-7）。穹顶内部顶棚饰以耶稣登山传福音的镶金的马赛克镶嵌画，每幅画有 39 平方米大，一共用了约五十万片马赛克，在阳光照射下熠熠生辉，仿佛圣灵降临（图 6-1-8）。汉白玉和缟玛瑙做成的祭坛和镀金的围栏把整个祭坛布置得金碧辉煌。祭坛后面的彩绘玻璃窗诠释了基督教最神圣的三个时刻——耶稣诞生、耶稣受难和耶稣复活（图 6-1-9）。主祭坛的旁边是结构复杂、装饰精美的管风琴，大约有七百根管子组成，是德国现存的最大的管风琴（图 6-1-10）。

二、芬兰赫尔辛基大教堂

芬兰赫尔辛基大教堂由德国建筑师恩格尔设计，建造于 1852 年，历经 30 年建成，是赫尔辛基最著名的建筑，成为赫尔辛基的象征。

精致典雅的新古典主义大教堂矗立于市中心的参议院广场上，建筑所在高地高于海平面 80 米，需要登上 53 级台阶，仿佛从凡世登达洗涤心灵的宗教彼岸。它有希腊神殿式的白色廊柱、乳白色的外墙、淡绿色青铜圆顶，屋顶上站立着纯锌打造的 12 圣徒雕像，整体显得洁净神圣、精巧细致、庄重威严而异常醒目（图 6-1-11）。大教堂是一座路德派新教教堂，宏伟的建筑内有很多精美的壁画和雕塑（图 6-1-12），祭坛装饰着天使跪像，管风琴是 1846 年建造的（图 6-1-13）。它收藏有圣彼得堡的宫廷画家绘制、沙皇尼古拉斯一世赠送给教堂的油画（图 6-1-14）。为纪念沙皇亚历山大二世给予芬兰广泛的自治，一片肃静的广场上坐落着建于 1894 年的沙皇铜像，沙皇雕像脚下还有代表法律、工业、农业、军队等含义的雕像（图 6-1-15）。

图 6-1-11 芬兰赫尔辛基大教堂外檐

图 6-1-12 芬兰赫尔辛基大教堂内部

图 6-1-13 芬兰赫尔辛基大教堂内部管风琴

图 6-1-14 芬兰赫尔辛基大教堂内部耶稣下十字架油画

图 6-1-15 芬兰赫尔辛基大教堂广场沙皇亚历山大二世雕像

三、捷克布拉格圣维塔大教堂

有“建筑之宝”美誉的圣维塔大教堂位于捷克伏尔塔瓦河西岸的长 570 米、宽 130 米的布拉格城堡内。

这是一座典型的哥特式天主教教堂，是布拉格城堡王室加冕与辞世后长眠之所。它经历了 3 次扩建，虽然融合了巴洛克、文艺复兴等风格，但明显还是典型的哥特式建筑（图 6-1-16 ~ 图 6-1-18）。如高耸入云的尖塔，精巧的飞扶壁，室内密布的肋拱，尤其是那精美的描绘了《创世纪》场景，代表圣母的心的圆形玫瑰花窗等（图 6-1-19）。朝南方向的大门上有查理大帝与 4 位主要建筑师的半身浮雕（图 6-1-20），教堂的入口则在西侧。进入教堂内部（图 6-1-21），左侧是著名的布拉格画家穆哈创作的 20 世纪的彩色玻璃画（图 6-1-22）；圣坛后方是反宗教改革者圣约翰之墓，它由 20 吨纯银打造，并装饰以众多浮雕木刻，装饰华丽（图 6-1-23）；再往前可达金碧辉煌的圣温塞斯拉斯礼拜堂（图 6-1-24），这里有用宝石拼嵌的图画墙、镶金光亮的哥德式金塔圣礼祭坛，件件都是精美的艺术珍品。

1.

2.

3.

4.

1. 图 6-1-16 捷克布拉格圣维塔大教堂外檐东面
2. 图 6-1-17 捷克布拉格圣维塔大教堂外檐南面
3. 图 6-1-18 捷克布拉格圣维塔大教堂外檐细部
4. 图 6-1-19 捷克布拉格圣维塔大教堂外檐玫瑰花窗
5. 图 6-1-20 捷克布拉格圣维塔大教堂南面大门
6. 图 6-1-21 捷克布拉格圣维塔大教堂内部
7. 图 6-1-22 捷克布拉格圣维塔大教堂内部花窗
8. 图 6-1-23 捷克布拉格圣维塔大教堂内部圣约翰之墓
9. 图 6-1-24 捷克布拉格圣维塔大教堂圣温塞斯拉斯礼拜堂内部

四、比利时布鲁塞尔圣米歇尔大教堂

布鲁塞尔圣米歇尔大教堂坐落在比利时布鲁塞尔中央车站附近，加伦河畔。它是一座双塔火焰式哥特建筑，但由于建造时间长达两个半世纪，大教堂也融合了从罗马艺术到哥特艺术兴盛时期的多种建筑风格。大教堂正面很像法国巴黎圣母院，也是采用横 3 段、纵 3 段的构图形式，两座高达 70 米的塔楼宏伟壮观（图 6-1-25）。门口有雄伟的三智者和 Apostles 的塑像（图 6-1-26）。教堂内部（图 6-1-27 ~ 6-1-30）长 110 米、宽 50 米、高 26 米，供奉着布鲁塞尔的守护神圣米歇尔，教堂也因此得名。中殿立柱上装饰着耶稣 12 门徒的雕像（6-1-31），还有“圣母院”和“沙加缅度”两个礼拜堂。

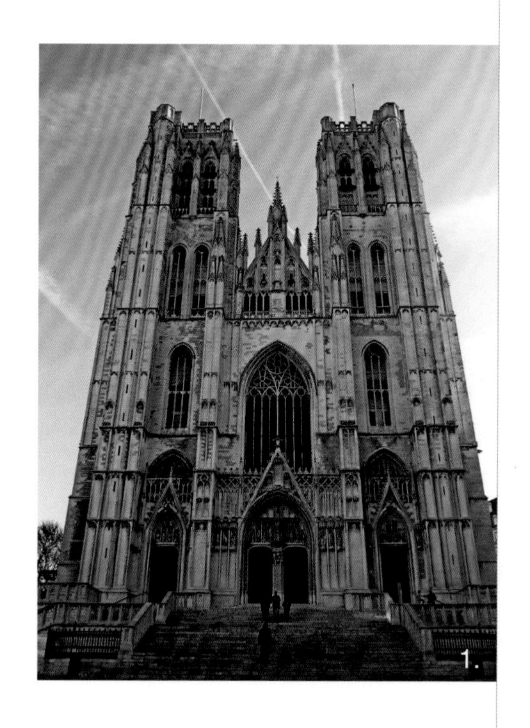

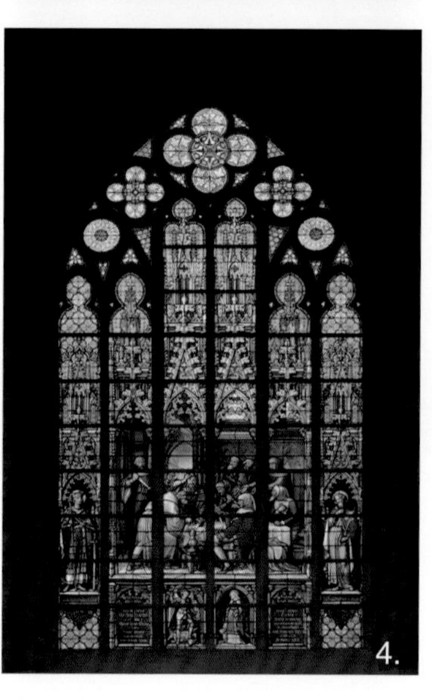

1. 图 6-1-25 比利时布鲁塞尔圣米歇尔大教堂外檐
2. 图 6-1-26 比利时布鲁塞尔圣米歇尔大教堂门口雕像
3. 图 6-1-27 比利时布鲁塞尔圣米歇尔大教堂内部
4. 图 6-1-28 比利时布鲁塞尔圣米歇尔大教堂内部彩色玻璃窗
5. 图 6-1-29 比利时布鲁塞尔圣米歇尔大教堂内部布道坛

图 6-1-30 比利时布鲁塞尔圣米歇尔大教堂内部管风琴

图 6-1-31 比利时布鲁塞尔圣米歇尔大教堂内部 12 圣徒雕像

第二节 宫殿

一、奥地利维也纳美泉宫

奥地利的维也纳享有“音乐之都”“建筑之都”“文化之都”“装饰之都”“欧洲的心脏”之美誉，是多瑙河流经的第一座城市，又有“多瑙河女神”之称。能令人们不惜以最美的词汇来赞美的，就是面积 414.65 平方公里，坐落在阿尔卑斯山北麓的一个盆地里的奥地利维也纳。美泉宫或称夏宫（又音译作申布伦宫）就坐落在奥地利首都维也纳西南部，1743 年开始建造，总面积 2.6 万平方米，共有 1441 个房间和 2 平方公里的法式园林，规模仅次于法国巴黎的凡尔赛宫，曾是神圣罗马帝国、奥地利帝国、奥匈帝国和哈布斯堡王朝家族的避暑皇宫。美泉宫宫殿和皇宫花园构成了整体艺术作品的完美范例，以它无与伦比的巴洛克建筑艺术和富丽堂皇的装饰入选世界遗产名录。现存的美泉宫为一栋长方形 4、5 层高的大厦，威严庄重，气势恢宏，美泉宫正面外墙施以赭色，在德语中被称作“美泉黄”，被所有奥匈帝国和哈布斯堡王朝的皇家建筑所采用（图 6-2-1）。

图 6-2-1 奥地利维也纳美泉宫外檐

图 6-2-2 奥地利维也纳美泉宫宫殿内部

图 6-2-3 奥地利维也纳美泉宫宫殿内部

图 6-2-4 奥地利维也纳美泉宫宫殿内部

宫殿室内装饰奢华富丽，雕饰考究（图6-2-2 ~ 图6-2-6）。“礼仪厅”是君王们举办婚礼、洗礼和庆典的地方。“蓝色中国沙龙”墙上挂的是230块白底蓝色的绘画，模仿陶瓷的风韵。圆形的“中国厅”则在墙壁上镶嵌着大小不等的中国漆画，镀金边框的支柱上托放着中国的青花瓷瓶。“万贯大厅”四壁用玫瑰根木和镀金的木雕装饰，周边还布置了260块印度和波斯艺术品，用于举办私人沙龙。“大长廊”曾经是为皇帝歌功颂德的地方，如今是奥地利共和国用来举办盛会和接见国家级领导人的所在。1885年，弗兰茨·约瑟夫一世皇帝在美泉宫迎娶了既是巴伐利亚女公爵、又是公主的伊丽莎白·阿马利亚·欧根妮，她被世人称为“世界上最美丽的皇后”，也就是以美貌和魅力征服了整个欧洲的茜茜公主。这里也集中有她的会客室、卧室、更衣室、楼梯阁楼等。

二、德国波茨坦无忧宫

波茨坦无忧宫又被称为“莫愁宫”，因建在一个沙丘上还被称为“沙丘上的宫殿”，因国王不允许与他长期分居的伊丽莎白·克里斯蒂娜·冯·不伦瑞克王后踏入无忧宫又一度被称为“无妇宫”。这座洛可可风格的普鲁士霍亨索伦王朝家族的小型度夏宫殿，位于与德国柏林相距不远的波茨坦市北郊，于18世纪普鲁士国王腓特烈二世仿法国凡尔赛宫建造，建造工期长达50年之久，共占地90公顷，是德国建筑艺术的精华。

沿中轴线登上弓形的分为6段的132阶台阶，就是带有半圆球屋顶，两翼为长条锥脊的主宫殿建筑（图6-2-7）。黄色的宫墙上，大落地窗前有为数众多的神像雕塑(图6-2-8)。为了满足国王无限接近大自然的夙愿，建筑仅为单层。

图 6-2-5 奥地利维也纳美泉宫宫殿内部

图 6-2-6 奥地利维也纳美泉宫宫殿内部

图 6-2-7 德国波茨坦无忧宫外檐

图 6-2-8 德国波茨坦无忧宫主宫殿墙身细部

图 6-2-9 德国波茨坦无忧宫大喷泉

图 6-2-10 德国波茨坦无忧宫室内装饰

正对着宫殿大门的是圆形花瓣石雕的喷泉（图 6-2-9），包括美神维纳斯、商业神墨丘利、太阳神阿波罗、月神狄安娜、生育和婚姻之神朱诺、众神之神朱庇特、战神玛尔斯以及智慧之神米诺娃等众多神话人物雕像。四周有“火”“水”“土”“气”四个圆形花坛陪衬，也有包括代表风、水等神的大理石雕像。

无忧宫内部主要有 12 个大厅，多用壁画、明镜、浮雕来装饰，以花鸟鱼虫等自然元素为题材，四壁镶金，辉煌璀璨（图 6-2-10）。大厅主要包括“首相厅”“大理石厅”“谒见厅”“椭圆厅”等。

三、瑞典王宫

瑞典王宫位于瑞典首都斯德哥尔摩市，市区分布在 14 座岛屿和一个半岛上，70 余座桥梁将这些岛屿连为一体，因此享有“北方威尼斯”的美誉。王宫由瑞典著名建筑学家特里亚尔设计，建于 17 世纪，坐落在老城区的斯塔丹岛（又称国王岛）上，中央广场旁。王宫平面呈方形，临水，围绕中间的大庭院而建，是一座横向的三层建筑。由于建造时间长达 65 年，外檐以巴洛克风格为主，室内为洛可可风格，同时融入新古典主义和折中主义风格（图 6-2-11 ~ 图 6-2-17）。

图 6-2-11 瑞典斯德哥尔摩王宫外檐临水立面

1. 图 6-2-12 瑞典斯德哥尔摩王宫外檐北立面
2. 图 6-2-13 瑞典斯德哥尔摩王宫外檐入口
3. 图 6-2-14 瑞典斯德哥尔摩王宫外檐细节
4. 图 6-2-15 瑞典斯德哥尔摩王宫外檐细节
5. 图 6-2-16 瑞典斯德哥尔摩王宫外檐细节
6. 图 6-2-17 瑞典斯德哥尔摩王宫外檐细节
7. 图 6-2-18 瑞典斯德哥尔摩王宫内部

图 6-2-19 荷兰王宫外檐

宫殿内共有 608 个房间，是欧洲最大的王宫建筑，比英国的白金汉宫还多 4 间，主要包括皇家寓所、古斯塔夫三世的珍藏博物馆、珍宝馆、三王冠博物馆、皇家兵器馆等。其中南半阙的王宫教堂和国家厅以及北半阙的宴会厅至今保持着原有陈设。皇宫华丽的大厅里，壁上挂着大幅的历代国王和皇后的肖像画，四壁有许多精美的浮雕，穹顶饰有镀金的雕刻和绚丽的绘画（图 6-2-18）。

1. 图 6-2-20 荷兰王宫大厅室内
2. 图 6-2-21 荷兰王宫室内细部
3. 图 6-2-22 荷兰王宫室内细部
4. 图 6-2-23 荷兰王宫室内细部

四、荷兰王宫

荷兰王宫位于荷兰首都阿姆斯特丹市中心的水坝广场西边，始建于 1648 年。共有 13659 根树桩支撑着这座宫殿，这些树桩至今仍被使用，无一损坏，是 17 世纪建筑史上的一个奇迹，曾被誉为“世界八大奇迹”之一，为荷兰著名建筑

1.

2.

3.

4.

师范坎本设计（图 6-2-19）。这栋古典主义建筑是历代荷兰君王举行加冕典礼的地方，宫殿正面三角山花的浮雕中，阿姆斯特丹被描绘为海洋的统治者。室内大厅设有“法座”，背景是象征正义和法律的精美浮雕，法座的华盖上绘有东半球的地图，整个世界都被置于阿姆斯特丹人的脚下（图 6-2-20 ~ 图 6-2-23）。这正是当时被称为“海上马车夫”，垄断大半世界贸易，发明现代股票、银行和期货公司的荷兰黄金时代强大实力的体现。

第三节　市政厅

一、德国汉堡市政厅

汉堡市是德国的第二大城市，其市旗上是一座城堡的大门，正是这个被称为“通往世界的大门”的城市，是德国乃至欧洲地位的写照。这座被誉为“世界上最美的市政厅”，位于德国汉堡市中心的旧城区，风光秀丽的内阿尔斯特东岸。它始建于 1886 年，历时 11 年建成，是 19 世纪后半期新巴洛克式风格建筑，是汉堡市最醒目的建筑物之一。

整座大厦用砂岩砌成，配以铜绿色屋顶，古朴而典雅（图 6-3-1）。在宽达 70 米的正立面的各窗之间，竖立着 20 位德意志著名帝王的塑像（图 6-3-2），位居中央的两位分别是

图 6-3-1 德国汉堡市政厅市政厅外檐

图 6-3-2 德国汉堡市政厅市政厅外檐的帝王塑像

图 6-3-3 德国汉堡市政厅市政厅外檐查理大帝和巴巴罗萨大帝塑像

图 6-3-4 德国汉堡市政厅市政厅外檐主入口上方雕像

图 6-3-5 德国汉堡市政厅市政厅外檐汉堡女保护神汉莫尼娅镶嵌画

建立了汉堡的查理大帝和授予汉堡自由航海权的巴巴罗萨大帝（图 6-3-3）。入口大门正门两侧立有四尊高大的雕像，持麦穗者代表丰收，持猫头鹰者代表智慧，持海图者代表志向，持水罐者代表征服，富有纪念意义和象征作用。金色的拉丁文写的是汉堡的格言："Libertatem quam peperere maiores digne studeat servare posteritas"，译为"先辈赢得的自由，后人应加倍惜之"（图 6-3-4）。半圆形壁龛内的镶嵌画描绘的是汉堡女保护神汉莫尼娅（图 6-3-5）。中央的尖塔高达 112 米，钟塔上安装着镀金的帝国之鹰，它是普鲁士王国在普法战争中击败法国，建立了统一的德意志帝国的象征，也是汉堡财富与繁荣的写照（图 6-3-6 ~ 图 6-3-10）。

市政厅总面积为 17000 平方米，共分 4 层，有 647 个房间，比白金汉宫还多 6 个房间，建筑面积 5400 平方米。市政厅一层大厅由 16 根、分为两排的粗壮石柱支撑，每个柱子上各有 4 幅纪念汉堡名人的人像浮雕，其中包括戏剧家莱辛、音乐家勃拉姆斯和物理学家赫兹等人（图 6-3-11 ~ 6-3-18）。

二、比利时布鲁塞尔市政厅

布鲁塞尔市政厅建造于 1455 年，坐落在"欧洲最美丽的广场"——比利时布鲁塞尔大广场南面，是一座典型的中世纪弗兰德哥特式建筑，造型宏伟高耸、空灵剔透（图

1. 图 6-3-6 德国汉堡市政厅市政厅外檐细节
2. 图 6-3-7 德国汉堡市政厅市政厅外檐细节
3. 图 6-3-8 德国汉堡市政厅市政厅外檐细节
4. 图 6-3-9 德国汉堡市政厅市政厅外檐细节
5. 图 6-3-10 德国汉堡市政厅市政厅外檐细节

1. 图 6-3-11 德国汉堡市政厅市政厅一层大厅
2. 图 6-3-12 德国汉堡市政厅市政厅一层大厅
3. 图 6-3-13 德国汉堡市政厅市政厅一层大厅细部
4. 图 6-3-14 德国汉堡市政厅市政厅一层大厅细部
5. 图 6-3-15 德国汉堡市政厅市政厅一层大厅细部
6. 图 6-3-16 德国汉堡市政厅市政厅一层大厅细部
7. 图 6-3-17 德国汉堡市政厅市政厅一层大厅细部
8. 图 6-3-18 德国汉堡市政厅市政厅一层大厅细部

图 6-3-19 比利时布鲁塞尔市政厅外檐

6-3-19 ~ 图 6-3-23）。钟塔和入口大门不是位于正中，这是由于建筑物分两期建造，规模较大的左半部分建于 1402 年，1455 年建造右半部分。在诸多小钟塔分层衬托下，高约 91 米的大钟塔完成直刺长空的最后一击，塔顶还塑有一尊高

图 6-3-20 比利时布鲁塞尔市政厅外檐细部

图 6-3-21 比利时布鲁塞尔市政厅外檐细部

图 6-3-22 比利时布鲁塞尔市政厅外檐细部

图 6-3-23 比利时布鲁塞尔市政厅外檐细部

图 6-3-24 德国不来梅市政厅外檐

5 米的布鲁塞尔守护神圣米歇尔征服恶魔的雕像。市政厅 1 楼建有一条拥有 17 个拱孔的回廊，入口拱门上方有正义女神忒弥斯、光明之神海泼里恩、和平女神克洛诺斯、法律女神尼弥西斯、文艺女神缪斯、丰收女神德墨忒耳、信使神墨丘等的雕像。市政厅在 2、3 楼的正立面上也有数不清的雕像，蔚为壮观。

图 6-3-25 德国不来梅市政厅外檐细部

三、德国不来梅市政厅

德国北部城市，这座因格林童话《不来梅的音乐家》而闻名世界，这座古董级的城市拥有约 1200 年历史。市政厅建于 1405 年，是欧洲最重要的哥特式砖结构建筑之一，是欧洲中世纪后期唯一一座未受摧毁的市政厅。1595—1612 年重新装修时，在宏大且精美的正立面又加入了荷兰文艺复兴的建筑元素，成为德国北部文艺复兴晚期建筑杰出的形式，即所谓的“威悉文艺复兴”。建筑采用左右对称形式。中间凸出部分与内收的两翼形成纵向三段。水平向也分为三段，即由 11 座拱门组成连续拱廊的底部，华盖下八尊塑像分别为神圣罗马帝国皇帝以及七位选帝侯，即美因兹、特里尔、科隆、波西米亚、普法尔茨、萨克森与勃兰登堡选帝侯的彩色人物雕塑，及三角或半圆形窗楣组成的中部和由三角山墙和紫铜盔顶组成的上部。在市政厅西立面是柏拉图、亚里士多德、德摩斯梯尼与西塞罗四位贤哲塑像，东立面是手执钥匙的圣徒彼得、先知摩西以及所罗门王的雕像。市政厅长 41.4 米，宽 15.8 米，高 28 米，40 米长的市政大厅是德国最美的宴庆大厅之一，堪称建筑史和艺术史上的一枚瑰宝（图 6-3-24 ~ 图 6-3-27）。

图 6-3-26 德国不来梅市政厅外檐细部

图 6-3-27 德国不来梅市政厅外檐细部

图 6-3-28 德国汉诺威市政厅外檐南立面

图 6-3-29 德国汉诺威市政厅外檐北立面

四、德国汉诺威市政厅

汉诺威市政厅建于1913年，毗邻著名的马斯湖，景色秀丽。这座文艺复兴时期的华丽建筑，圆形穹顶高达 100 米，在屋顶塔楼上可以极目眺望汉诺威全貌。建筑采用横向三段式，纵向五段式处理。北立面更加突出中央入口部分，有直有曲，有实有虚，层次饱满，富予变化；南立面临水，处理手法则侧重于舒展。纵向 5 段式的处理手法不仅局限于平面的凹凸变化，且运用小尖塔加以强化，使建筑整体稳重而不失变化（图 6-3-28 ~图 6-3-37）。

1. 图 6-3-30 德国汉诺威市政厅外檐细部
2. 图 6-3-31 德国汉诺威市政厅外檐细部
3. 图 6-3-32 德国汉诺威市政厅外檐细部
4. 图 6-3-33 德国汉诺威市政厅外檐细部
5. 图 6-3-34 德国汉诺威市政厅外檐细部
6. 图 6-3-35 德国汉诺威市政厅外檐细部
7. 图 6-3-36 德国汉诺威市政厅外檐细部
8. 图 6-3-37 德国汉诺威市政厅外檐细部

图 6-4-1 匈牙利布达佩斯渔人堡

图 6-4-2 匈牙利布达佩斯渔人堡

图 6-4-3 匈牙利布达佩斯渔人堡

第四节 城堡

一、匈牙利布达佩斯渔人堡

一提到城堡，人们首先想到的是防御工事，想到的是血雨腥风，然而坐落于匈牙利布达佩斯的渔人堡却是一个特例，置身于此恍若童话般的梦幻世界。

布达佩斯渔人堡建于 1905 年，最初渔民们为了保护自己的利益而修建了此堡，因此得名。它坐落在环境优美、景色秀丽的匈牙利布达佩斯城堡山上，脚下流淌的是迷人的多瑙河。它是一座新罗马式和新哥特式综合建筑物，外墙采用米白色的石灰岩，塔楼高耸，石阶盘旋，造型别致。渔人城堡共修有 7 座烽火台似的圆塔楼，仿佛白色的斗笠，利用南北向的回廊将尖塔串联起来，而由精美窗拱形成的回廊，更是俯瞰多瑙河两岸景色的绝美地带（图 6-4-1 ~ 图 6-4-5）。

图 6-4-4 匈牙利布达佩斯渔人堡内部

图 6-4-5 匈牙利布达佩斯渔人堡回廊

图 6-4-6 匈牙利布达佩斯渔人堡玛加什教堂外檐

图 6-4-7 匈牙利布达佩斯渔人堡玛加什教堂外檐细部

这里的玛加什教堂是匈牙利帝王举行加冕仪式的所在，故又称“加冕教堂”（图 6-4-6 ~ 图 6-4-8）。堡内有一尊扬威马上的匈牙利国王圣·伊斯特万一世——圣·史迪分国王雕像，他是匈牙利第一个天主教国王，同时也可以说是匈牙利国的建立者（图 6-4-9、图 6-4-10）。圣三位一体广场上坐落着三位一体纪念柱（图 6-4-11）。

二、丹麦克隆城堡

克隆城堡意为“皇冠之宫”，是莎士比亚著名剧作《哈姆雷特》的故事发生地，也因此称为“哈姆雷特堡”，是丹麦最宏大的城堡，克隆堡因特殊的历史地位及文物价值，于 2000

图 6-4-8 匈牙利布达佩斯渔人堡玛加什教堂外檐细部

图 6-4-9 匈牙利布达佩斯渔人堡国王雕像

图 6-4-10 匈牙利布达佩斯渔人堡国王雕像基座

图 6-4-11 匈牙利布达佩斯渔人堡三位一体纪念柱

年被联合国教科文组织列入世界文化遗产名录。它位于丹麦的北西兰岛的海尔辛格市，与瑞典的赫尔辛堡市隔海相望。古堡于 1574 年设计建造，1585 年才竣工，曾经既是扼守松德海峡的要塞，又是丹麦皇家权力威严的象征（图 6-4-12 ~ 图 6-4-17）。城堡的主要大门设在北侧，需跨过护城河的吊桥，并穿过城堡外墙墙体内的一条呈“S”形的通道，才能来到大门门前，故称为“暗门”。城堡呈封闭的四方形，建筑外墙用红砖砌成，以砂岩石饰面，宏大的褐色铜屋顶、高耸的绿色喇叭形尖塔等共同构筑了这座雄伟而气宇不凡的文艺复兴时期的城堡。

三、奥地利萨尔斯堡城堡

萨尔斯堡本意为“盐堡”，因其盛产盐矿而闻名。它位于奥地利的西部，是莫扎特的出生地，是指挥家赫伯特·冯·卡拉扬的故乡，也是电影《音乐之声》的主要拍摄取景地。城堡

图 6-4-12 丹麦克隆城堡外檐

图 6-4-13 丹麦克隆城堡外檐

图 6-4-14 丹麦克隆城堡入口正面

始建于 1077 年，坐落在萨尔斯堡海拔 500 多米的要塞山上，山脚下流淌着跨奥地利和德国的萨尔茨河。城堡是该市的标志，长 250 米，最宽处 150 米，是中欧现存最大的一座城堡。城堡依山而建，高低参差，易守难攻，在高大的灰白色围墙围护下，创造了 900 多年从未被攻破的记录，是中世纪要塞建筑的

图 6-4-15 丹麦克隆城堡主第二道入口

图 6-4-16 丹麦克隆城堡外檐细部

图 6-4-17 丹麦克隆城堡铜制模型

1. 图 6-4-18 奥地利萨尔斯堡城堡
2. 图 6-4-19 奥地利萨尔斯堡城堡
3. 图 6-4-20 奥地利萨尔斯堡城堡

典范（图 6-4-18 ~ 图 6-4-20）。防御是这座城堡的主要功能，间或也作为主教官邸，内部主要建筑有音乐厅、主教居室、兵器馆、囚犯室、中世纪刑具展览馆等。

四、德国霍亨索伦城堡

霍亨索伦城堡是普鲁士及德意志帝国的统治者霍亨索伦家族的发祥地，这个家族中不仅产生了无数王公侯爵，更诞生了普鲁士的国王与德意志帝国的皇帝，因此被称为霍亨索伦城堡。它位于距离斯图加特 65 公里左右施瓦本阿尔伯地区的阿尔卑斯山上，与闻名天下的新天鹅堡齐名，建造年代也相近，为 1867 年，但两者风格迥异。与新天鹅堡的超脱于世的极度浪漫不同，霍亨索伦城堡彰显的则是英雄主义的阳刚，因为它不需要梦幻，它见证的霍亨索伦家族辉煌就是一部传奇。

黄色砖墙建筑为 19 世纪新哥特式风格，多使用方正的形

1. 图 6-4-21 德国霍亨索伦城堡
2. 图 6-4-22 德国霍亨索伦城堡
3. 图 6-4-23 德国霍亨索伦城堡
4. 图 6-4-24 德国霍亨索伦城堡
5. 图 6-4-25 德国霍亨索伦城堡

状与直线，透射出一股雄浑壮美的刚毅，仿佛诉说着在腓特烈大帝和俾斯麦宰相引领下，勇猛的普鲁士人用“铁与血”实现了德意志统一的历史画卷（图 6-4-21～图 6-4-25）。城堡内主要建筑有公爵大厅、蓝色沙龙、珍宝馆和兵器库等。

图 6-5-1 瑞典斯德哥尔摩皇家剧院外檐

图 6-5-2 瑞典斯德哥尔摩皇家剧院外檐细部

图 6-5-3 瑞典斯德哥尔摩皇家剧院外檐细部

第五节 剧院

一、瑞典斯德哥尔摩皇家剧院

斯德哥尔摩皇家剧院始建于 1773 年，1782 年落成，绰号“戏剧之王”，也是瑞典历史上最富争议的古斯塔夫三世国王建造的一座具有文艺复兴风格的建筑。现在的建筑是 1898 年改造成的维也纳新艺术风格新剧院，内设 1170 个座位，是欧洲最著名的剧院之一。

该建筑由建筑师弗雷德里克设计，建筑规模不大，但具有豪华的内饰和装饰华丽的外观。正立面为典型的横向三段、纵向五段形式，首层带有围廊，列柱柱头、柱身底部雕刻精美，有单柱、双柱的不同组合形式；二层是带有拱形窗楣的双层窗花大玻璃窗，窗花凸出不多，但形式新颖独特；三层为中央花饰浮雕、圆雕结合，三王冠雕刻宣讲着建筑的地位，左右两侧各有两幅精美的大型欢庆场景主题石刻。建筑外檐豪华而气度不凡，雨篷、灯头、雕像均采用鎏金装饰，使人目眩神迷（图 6-5-1 ~ 图 6-5-6）。

二、奥地利维也纳国家歌剧院和金色大厅

奥地利首都维也纳有“世界音乐之都”的美誉，这里有

数不清的音乐天才和音乐大师，如莫扎特、贝多芬、舒伯特、李斯特、海顿、大小约翰·施特劳斯，维也纳交响乐团、维也纳儿童合唱团、维也纳音乐学院更是享誉世界。迷人的多瑙河畔令人向往神迷，这里的音乐圣殿更吸引众多不远万里而来的朝拜者，这其中最为著名的当属奥地利维也纳国家歌剧院和金色大厅。

（一）奥地利维也纳国家歌剧院

维也纳国家歌剧院始建于 1861 年，1869 年 5 月 15 日建成开幕，由奥地利著名建筑师西克斯鲍和谬尔设计督造，最早为皇家宫廷剧院，1918 年实现国有，改称为国家歌剧院，被赞为“世界歌剧中心”，是世界上最著名的歌剧院之一，是维也纳的主要象征。典雅华贵的歌剧院坐落在维也纳老城环行大道上，仿照意大利文艺复兴时期大剧院建造，是全部采用意大利生产的浅黄色大理石修建的方形罗马式建筑。平面呈“U”字形，正立面中轴对称，采用罗马券柱形式，1 层有 5 个拱形大门，形式粗犷；2 层上有 5 个拱形窗户，装饰趋于精细。窗口上立着 5 尊歌剧女神的青铜雕像，分别代表歌剧中的英雄主义、戏剧、想象、艺术和爱情。门楼两侧矗立的青铜塑像是

图 6-5-4 瑞典斯德哥尔摩皇家剧院外檐细部

图 6-5-5 瑞典斯德哥尔摩皇家剧院入口雕像

图 6-5-6 瑞典斯德哥尔摩皇家剧院灯具细部

1. 图 6-5-7 奥地利维也纳国家歌剧院外檐
2. 图 6-5-8 奥地利维也纳国家歌剧院外檐正面
3. 图 6-5-9 奥地利维也纳国家歌剧院外檐
4. 图 6-5-10 奥地利维也纳国家歌剧院外檐
5. 图 6-5-11 奥地利维也纳国家歌剧院外檐细节
6. 图 6-5-12 奥地利维也纳国家歌剧院外檐内部
7. 图 6-5-13 奥地利维也纳国家歌剧院外檐内部
8. 图 6-5-14 奥地利维也纳国家歌剧院外檐内部
9. 图 6-5-15 奥地利维也纳国家歌剧院外檐内部
10. 图 6-5-16 奥地利维也纳国家歌剧院外檐内部

骑在天马上的戏剧之神（图 6-5-7 ～图 6-5-11）。

整个剧院的面积有 9000 平方米，观众席共有 6 层，1642 个座椅。剧场正中是面积为 1508 平方米，总高度 53 米，进深 50 米，可自动回旋、升降、横里开合的现代化舞台。剧院室内各个空间均装饰华丽，到处是精美的金饰、象牙、木刻、石雕、壁画，美轮美奂（图 6-5-12 ～图 6-5-16）。在休息大厅和走廊的墙壁上挂着许多油画，画的是最有成就的音乐家在最优秀的歌剧中的最精彩场面，每幅壁画的上端还竖立着音乐家本人的金色头像。在靠近主梯的回廊上端还有海顿、舒伯特、勃拉姆斯、瓦格纳、施特劳斯父子等音乐巨匠，以及维也纳国家歌剧院历任剧院经理如马勒、理查德·施特劳斯等人的半身塑像。

（二）奥地利维也纳金色大厅

维也纳金色大厅全称为维也纳音乐协会金色大厅，可谓名动天下，与意大利米兰斯卡拉歌剧院、法国巴黎歌剧院并称欧

图 6-5-18 奥地利维也纳金色大厅外檐细部

图 6-5-19 奥地利维也纳金色大厅内部

图 6-5-20 奥地利维也纳金色大厅入口门厅内部

图 6-5-17 奥地利维也纳音乐协会楼外檐

洲三大歌剧院，早已成为全球每一位音乐家和演奏家梦想进入的神圣殿堂。金色大厅其实是音乐协会楼的一部分，除此外还包括勃拉姆斯厅和莫扎特厅等。

金色大厅始建于 1867 年，于 1870 年落成，由建筑大师奥菲尔·汉森设计。建筑外檐黄红两色相间，屋顶上竖立着许多音乐女神雕像，是意大利文艺复兴式风格。大厅室内装饰则是巴洛克风格，天花、墙面、浮雕、门窗、栏杆处处都是金饰，在巨大的吊灯照耀下金碧辉煌。大厅呈长方形，长 48.8 米，宽 19.1 米，高 17.75 米，共有 1654 个座位和大约 300 个站位。金色大厅是建筑史上的奇迹，装饰物不仅是艺术美的享受，诸如平顶镶板的屋顶、两侧的楼厅等都具有延长和舒缓撞击到墙壁上声音的作用；木质地板和墙壁更起到共振回旋的效果，使其成为独一无二的、世界上音响效果最出色的音乐厅（图 6-5-17 ~ 图 6-5-20）。

三、德国柏林国家歌剧院

柏林国家歌剧院是欧洲历史最悠久的歌剧院之一，官方名为“柏林德意志国立歌剧院”，位于柏林市最著名的柏林俾斯麦大街。它是腓特烈二世国王于 1742 年建成的普鲁士宫廷剧院，称为国王剧院，1919 年收归国有。1843 年曾经毁于火灾，1945 年再次毁于战火，1951 年到 1955 年间，由原东德政府修复，1955 年重新启用。

整个建筑由歌剧院、办公大楼和布景大楼三部分组成，正

1. 图 6-5-21 德国柏林国家歌剧院外檐
2. 图 6-5-22 德国柏林国家歌剧院外檐
3. 图 6-5-23 德国柏林国家歌剧院内部
4. 图 6-5-24 德国柏林国家歌剧院内部

立面采用希腊巨柱式构图，端庄雄伟，彰显皇家气派（图 6-5-21、图 6-5-22）。剧院大厅室内有 1450 个座位，有 3 层看台，是巴洛克式的装饰风格，精美的雕像和绘画比比皆是（图 6-5-23、图 6-5-24）。名为“阿波罗大厅”的休息厅，墙面以白色打底，饰以金色，悬挂着巨大的枝形水晶吊灯，光线从顶部射入，像温煦的阳光一般，整个环境越发显得富丽堂皇。

四、匈牙利国家歌剧院

匈牙利国家歌剧院坐落于匈牙利首都布达佩斯市多瑙河东岸的佩斯城区安德鲁西大道 22 号，是奥匈帝国皇帝约瑟夫·弗朗茨于 1884 年建造的，属于新文艺复兴风格，并带有巴洛克风格的某些元素，装饰着当时匈牙利顶级艺术家的绘画和雕塑，是一个装饰华丽的建筑，在建筑装饰造型方面被认为超过了巴黎歌剧院和维也纳金色大厅，成为匈牙利 300 多年歌剧艺术发展的见证。

歌剧院平面呈马蹄形，正立面分为两层。一层有一个外探的门廊，采用罗马的券柱式形成了三个入口，两边雕像则是李斯特和匈牙利著名作曲家及指挥家弗兰茨·艾克尔。二楼正面是五个希腊三角形山花的窗和四根科林斯立柱。在拱券上方还装饰有艺术女神、舞蹈、诗意、爱情、喜剧和悲剧等凸浮雕（图6-5-25）。屋檐上部四周站立着16尊真人般大小的作曲家雕像。歌剧院的门口有两个狮身人面雕塑守卫。歌剧院整个外观采用中轴对称，用雕塑加以变化，强调水平划分，并采用青灰色石材饰面，突出了稳重典雅的视觉效果。

室内大厅共有1261个席位，分为三层，红丝绒的座椅、金碧辉煌的包厢，精美的陶瓷制品，描绘的是奥林匹克和希腊诸神的天花板壁画，在重达21吨能点燃2000只蜡烛的巨型镀金吊灯照射下，在160面镜子的反射下，整个大厅光彩夺目。剧院舞台纵深达48米，面积达1000多平方米，后台为旋转舞台，前台可升降（图6-5-26～图6-5-29）。主台阶两侧的8根大理石柱引人注目，柱底为黑色，柱身为白色，两者皆带天然花纹；柱头则为纯色不带花纹却雕成洛可可风格的卷草花纹。

图6-5-25 匈牙利国家歌剧院外檐

1. 图 6-5-26 匈牙利国家歌剧院内部
2. 图 6-5-27 匈牙利国家歌剧院内部
3. 图 6-5-28 匈牙利国家歌剧院内部
4. 图 6-5-29 匈牙利国家歌剧院内部

第六节 民居

欧洲民居建筑有其共同的特点，诸如两面坡或四面坡的屋顶、灰色和暗红色为主的屋瓦、老虎窗、角楼等，但又由于欧洲社会、种族、文化、经济及地理环境因素等的差异，以及错综复杂的历史发展进程，因地制宜，就地取材，造就了欧洲民居建筑各自鲜明的民族特色，可谓千姿百态。

一、德国传统民居

早在 12 世纪，德国人就已经开始建造木桁架式民居建筑，其风格与英国都铎式接近，简约精致，折射出单纯质朴的典雅端庄。德国木材资源丰富，通常会选用木质坚硬、树干笔直的橡树或者冷杉作为木料，以截面为 10×10 厘米或 18×18 厘米常见。其特征为在竖直向上的柱子上支撑横梁，再以斜向木条进行加固，相互咬合或以木楔子来连接，用以构成一个刚性构架；梁、柱等建筑结构不加掩饰，多被漆成深褐色或者黑色，十分醒目；用石头、泥土、砖块等填充木架间的空隙；在粗糙

图 6-6-1 德国传统民居（特里尔）

的墙面上抹上一层光滑的黏土，最后以水泥拉毛粉刷，多为白色，在南立面还用窄而弯曲的木线条加以装饰；建筑多为二到三层，一楼多用石材，二楼以上为半木造，陡峭的双坡屋面用机制红平瓦覆盖，有棚屋形老虎窗；山墙的转角处或用塔楼装饰（图 6-6-1 ~ 图 6-6-5）。

在片面追求住宅功能、面积、装饰的今天，让建筑能够与自然对话，能成为增进人们关系的交往空间，能以惬意的姿态矗立，能以生态节能的措施而出彩。这些我们或多或少地可以从德国传统民居建筑中寻求到一些解答和启发。

图 6-6-2 德国传统民居（罗滕堡）

图 6-6-3 德国传统民居（科布伦茨）

图 6-6-4 德国传统民居（纽伦堡）

图 6-6-5 德国传统民居（法兰克福）

二、荷兰传统民居

荷兰的传统民居建筑被评为“跳跃着活泼灵动的音符”，建筑风格有两大元素——双折线屋顶和侧墙沿街面开数扇老虎窗。形体横平竖直，简洁明快，色彩以深灰、洁白、温暖的木色为主（图 6-6-6 ~图 6-6-9）。

图 6-6-6 荷兰传统民居（阿姆斯特丹）

图 6-6-7 荷兰传统民居（阿姆斯特丹）

图 6-6-8 荷兰传统民居（阿姆斯特丹）

图 6-6-9 荷兰传统民居（阿姆斯特丹）

三、奥地利传统民居

奥地利景色优美，连绵起伏的阿尔卑斯山横贯境内，美丽的多瑙河蜿蜒流淌。所以传统民居多强调与风景巧妙融合，建筑墙面上绘有白色百合图腾和具有装饰性的图腾文字。室内东南方向布置基督教祭坛，墙面上绘有宗教故事为主题的湿壁画（图 6-6-10 ~图 6-6-13）。

1. 图 6-6-10 奥地利传统民居（因斯布鲁克）
2. 图 6-6-11 奥地利传统民居（因斯布鲁克）
3. 图 6-6-12 奥地利传统民居（因斯布鲁克）
4. 图 6-6-13 奥地利传统民居（因斯布鲁克）

图 6-6-14 北欧传统民居构架（丹麦）

图 6-6-15 北欧传统民居（挪威）

图 6-6-16 北欧传统民居（瑞典）

四、北欧传统民居

北欧传统民居多以圆木构造，木板搭筑，即整个建筑物的“骨架”由木头构成。一来是因为斯堪的纳维亚半岛盛产树木，二来木头具有吸水与排湿、吸热与散热的性能，能够调节室内的温度与湿度。木架构的结构使墙体不承重，建筑空间布局、装饰细部可以更加灵活。装饰方面则多用木、石、玻璃工艺品等来表现其地方性（图 6-6-14 ~图 6-6-17）。

图 6-6-17 北欧传统民居（芬兰）

五、希腊传统民居

希腊位于巴尔干半岛最南端，是欧洲文明的发祥地，属于地中海气候，夏季较长，阳光照射强烈，所以通常建造成墙厚窗小的形式。当地盛产灰岩，因而形成统一的手刷墙面风格，涂成白色以反射强烈的日照；采用土石拱门与半拱门、马蹄状的门窗，并涂成鲜艳的蓝色、红色、绿色或橙色；大量采用铸铁、陶砖、马赛克、编织等进行装饰（图 6-6-18、图 6-6-19）。

图 6-6-18 希腊传统民居

图 6-6-19 希腊传统民居